Alle Farbfotos Pflanzenfossilien: Prof. Dr. Rudolf Daber, Museum für Naturkunde, Berlin
Alle Farbfotos Tierfossilien: Dr. Jochen Helms, Museum für Naturkunde, Berlin
Schwarzweißfotos: Detlef Brandt, Halle

Die vordere Einbandseite zeigt das Berliner Exemplar des Urvogels Archaeopteryx lithographica aus dem Jura von Solnhofen/Eichstätt (BRD).
Auf der rückwärtigen Einbandseite ist ein Blatt des Samenfarns Reticulopteris münsteri aus den Westfal-D-Schichten von Piesberg (BRD) zu sehen.

Die Originale der farbigen Abbildungen stellte das Museum für Naturkunde, Berlin, zur Verfügung.

Verlag für populärwissenschaftliche Literatur
Lizenzausgabe für Pinguin-Verlag, Innsbruck
Einbandfotos:
Titelseite: Dr. J. Helms · Rückseite: Prof. Dr. R. Daber
Typographie: Helmut Tracksdorf
Zeichnung: Hasso Seyferth
Printed in the German Democratic Republic
Satz und Druck: Graphische Werke Zwickau III/29/1
Buchbinderei:
Interdruck, Leipzig
ISBN: 3-524-00336-2

Prof. Dr. Rudolf Daber
Dr. Jochen Helms

Mein kleines Fossilienbuch

Pinguin-Verlag, Innsbruck
Umschau-Verlag, Frankfurt (Main)

Inhalt

Was sind Fossilien?

So verschiedenartig wie unser Leben sind auch unsere Beziehungen zu den Fossilien, und breit ist der Fächer zwischen Wissen und Unkenntnis in Sachen der »Ausgegrabenen«, der Zeugen früheren Lebens. Oft werden sie wohl einfach übersehen, denn nicht immer fallen Fossilien gleich ins Auge. Haben wir sie aber einmal entdeckt, dann kramt der eine vielleicht mühsam in seinem Schulwissen, während der andere mit einem Ausruf der Überraschung oder des Entzückens sich aus einem vertieften Wissen heraus seiner kleinen Entdeckung bewußt wird. Für manchen lag die erste Naturbegegnung mit Versteinerungen und Abdrücken wohl auch schon in der Kindheit, und die Fossilien fanden – als natürliche Erscheinungen registriert – das kindliche Interesse.

Unser erster Fund von versunkenem Leben wird oft zu einem bleibenden Eindruck, wenn dadurch Interesse und Sammelleidenschaft geweckt werden. Es ist schon ein Unterschied in der Erlebnisintensität, ob man Fossilien nur in Museen und auf Abbildungen zu sehen bekommt oder ob man ihnen in der Natur gegenübersteht, sie auf einer Bergwerkshalde, im Steinbruch, am Feldrain oder am Meeresstrand entdeckt. Erst wer selbst die Reste und Spuren vergangener Lebewesen in ihrer meist sehr unzulänglichen Erhaltung gefunden hat, lernt auch die musealen Sammlungen vorzüglicher Fundstücke richtig schätzen. Er wird sie nunmehr erleben, für seine Erkenntnis nutzen und gegebenenfalls auch vermehren helfen.

Wenn sich Jagd- und Sammelleidenschaft mit Entdeckerfreude und historischem Verständnis paaren, kann der erste zufällige Fossilfund zum Startschuß für ein erfolgreiches Sammeln und darüber hinaus für ein tieferes Eindringen in erd- und lebensgeschichtliche Zusammenhänge werden.

Erfolg am Fundort und Erkenntnis stehen hier für Praxis und Theorie, jene sich wechselseitig befruchtenden Seiten unseres Wirkens. So können unsere Beziehungen zu den Fossilien schließlich sehr eng werden. Langjährige Erfahrung und Sammlerglück sind schon oft zu Geburtshelfern neuer wissenschaftlicher Entdeckungen geworden. Sorgfältig geborgene und analysierte Neufunde und vergleichende Studien treiben die Wissenschaft von den Fossilien voran – die Paläontologie.

Viele Motive verlocken zum Sammeln von Fossilien: Da ist das Reizvolle der Rarität, des Ungewöhnlichen oder des unvorstellbar Alten, das nach Millionen von Jahren zählt. Andere fühlen sich durch die Formenschönheit und das Geheimnisvolle vergangenen Lebens angesprochen – sie erregen ihre Phantasie. Mancher befriedigt im Sammeln seine historisch-weltanschauliche Wißbegierde oder möchte mit Ausstellungen von Fossilien zur Heimatkunde beitragen. Bei fortgeschrittenen Sammlern, Laienforschern und Paläontologen kommt der Wunsch nach thematischer Vollständigkeit der Sammlung hinzu, und die wissenschaftliche Forschung wird schließlich zum Zweck des Sammelns. Neben diesen vielen anerkennenswerten Beweggründen gibt es aber auch weniger erfreuliche: das Sammeln als Selbstzweck oder aus privater Besitz- und Renommiersucht. Hier wird das Fossil zur Ware.

Zahlreiche fossile Arten sind keine Raritäten. Sie können und sollen jedem Interessierten zur privaten Freude dienen. Nicht selten aber werden Fundstücke von hohem wissenschaftlichem Wert oder mit starker volksbildnerischer Aussagekraft der Wissenschaft und der Öffentlichkeit noch vorenthalten. Wir müssen uns dabei vor Augen führen, daß die Erhaltung organismischer Reste über Jahrmillionen hinweg stets eine Ausnahmeerscheinung ist. In der Regel verging abgestorbenes Leben in grauer Vorzeit ebenso spurlos wie heute. Fossilien sind daher weitgehend relativ seltene und für unsere Erkenntnis wertvolle Zeitdokumente der Lebensgeschichte – wir sollten sie dementsprechend werten und behandeln. Neben den Fachleuten gereicht es Generationen privater Sammler zur Ehre, daß wir heute in den öffentlichen Museen die fleißig zusammengetragenen Schätze bewundern und studieren können.

Ausgegraben (lat. fossilis) lautet der alte, schon seit Jahrhunderten übliche Begriffsinhalt, und tatsächlich machte sich die Menschheit schon vor etwa 75 000 Jahren – in der Altsteinzeit also – Gedanken darüber, wo und wie diese eigenartigen Gegenstände zu finden seien. Die Ur- und Frühgeschichte kennt aus Kohlen geschnitzte Figürchen; versteinerte Seeigel und Schnecken sind als Beigabe in stein- und bronzezeitlichen Gräbern gefunden worden.

In Holland haben Geologen und Laienforscher einen jungsteinzeitlichen (3150 Jahre v. u. Z.) Feuersteinbergbau freigelegt. Ähnliche Bergwerke kennt man aus Belgien und Polen. Theophrast (372–287 v. u. Z.) schrieb bereits ein Buch über die Steine, aber immer waren diese »Funde aus der Erde« geheimnisumwobene, vielfach gedeutete, aber kaum wissenschaftlich untersuchte Gegenstände.

Vor 300 Jahren waren Wissenschaftler der Meinung, daß Samen durch fließendes Wasser unter die Erdoberfläche gelangt und dort zu »Kräuterfiguren« ausgewachsen seien. Vor 200 Jahren vertraten Bergleute und Bergbauwissenschaftler die Ansicht, daß die Fossilien in allen Einzelheiten mit modernen Tieren und Pflanzen der Länder in Afrika, Indien und Amerika übereinstimmten, die nur noch nicht genügend erforscht seien.

Seit 175 Jahren aber weiß man, daß es »ausgestorbene«, heute nicht mehr existierende Pflanzenarten gegeben hat. Im Falle der fossilen Tiere ist diese Erkenntnis sogar wesentlich älter. Nikolaus Steno beschrieb 1667 fossile Haizähne und deutete die viel größeren gleichartigen fossilen Zähne in tertiären Ablagerungen als Beweis für die frühere Existenz riesiger Haie (Abb. S. 85 o.). Allerdings setzte sich die Erkenntnis von den ausgestorbenen Tieren bis zum Anfang des 19. Jahrhunderts nur sehr zögernd durch.

So ist erst der Beginn des 19. Jahrhunderts auch der Beginn der Paläontologie – der Paläozoologie und der Paläobotanik als Wissenschaften. Damals wurden auch Mineralien als Fossilien angesehen – waren sie doch ebenfalls ausgegraben worden. Später trennte man die beiden Begriffe voneinander und bezeichnete nur noch versteinerte Tier- und Pflanzenreste als Fossilien. Aber auch Wurmkriechspuren, Kriechspuren anderer Tiere (Trilobiten, Insekten, Muscheln) und Fußabdrücke von Amphibien und Reptilien, schließlich sogar von Dinosauriern sind Fossilien im Sinne von »fossilen Lebensspuren«. So kannte man lange Zeit nur die Fußspuren des buntsandsteinzeitlichen Fährtentieres (Chirotherium), ehe man erst 1965 das wahrscheinlich dazugehörige Tier aufgrund von Skelettfunden am Monte San Giorgio in der Schweiz belegen konnte: Ticinosuchus ferox B. Krebs.

Auch die Kothäufchen mancher kleinen und großen Tiere sind ebenso fossile Lebensspuren wie Fraßgänge im Schlamm oder im Holz. Manchmal kann auf einem Blatt ein anderes, grobmaschiges abgedrückt sein, so z. B. in der mitteleozänen Braunkohle des Geiseltales bei Halle (Saale) der tropische Mangrovefarn Achrostichum auf den Blättern eines damals laubwerfenden Baumes (Symplocos hallensis), oder fossile Austernschalen haben feinste Teile des vergänglichen Organismus abgeformt, auf dem sie festwuchsen: Einmauerung (Immuration) haben dies Prof. Dr. Vialov (Lwow/UdSSR) und Prof. Dr. Voigt (Hamburg/BRD) genannt. Es gab also viele Möglichkeiten, ehemalige Formen oder auch Spuren eines früheren, Jahrtausende oder Jahrmillionen alten Lebens für das fachkundig suchende Auge des Sammlers und des Forschers zu erhalten.

Eine scharfe Grenze zur paläontologischen Vergangenheit existiert nicht. Allzu junge Reste werden »subfossil« genannt, aber schon die in der Vulkanasche erhaltenen Hohlkörper von Tieren und Menschen aus Pompeji (Italien) bezeichnet man als fossile Spuren in Gesteinen.

Fossilien können echt versteinert, d. h. mineralisch verändert (substituiert) sein – aber sie müssen es nicht. Im eisigen Schlamm der Dauerfrostböden Sibiriens und der Arktis eingefrorene Mammutkörper z. B. sind wie im Kühlschrank konserviert und konnten von Hunden und sogar von den Forschern noch mit Appetit verzehrt werden. Auch Blätter und Holzreste in Braunkohlenablagerungen sind in ihrer Holz-, Zellulose- und Korksubstanz nur wenig verändert. Stellenweise hat man sogar Blattreste gefunden, die noch blaßgrün sind – die Chlorophyllderivate lassen sich chemisch nachweisen (Abb. S. 94 o. r.). Auch die farbig schimmernden Flügeldecken fossiler Käfer in der Braunkohle des Geiseltales sind stets beeindruckend.

Fossilien sind also alle den paläontologisch forschenden Sammler interessierenden Reste und Spuren ehemaligen Lebens, sind – poetisch ausgedrückt – »Erinnerungen in Gesteinen«, Erinnerungen an die Erd- und Lebensgeschichte, hinterlassen durch die Entwicklung der Lebewesen.

Wie und wo finde ich Fossilien?

Auf der Spur fossiler Geheimnisse vertieft sich mancher mehr und mehr in naturhistorisches Geschehen. Wer aber soviel Interesse für Fossilien aufbringt, ist entweder schon ein aktiver Sammler, oder er wird es bei passender Gelegenheit, denn es drängt ihn danach, diese geheimnisvollen

Dokumente der Lebensgeschichte immer wieder selbst in die Hand zu nehmen und ihnen ihre verschiedenen Aspekte abzuringen, sie zu studieren und über sie zu philosophieren. So wächst der Wunsch, privat oder gemeinsam mit Sammlerfreunden eine Fossiliensammlung aufzubauen.

Wer Fossilien sammelt, wird sie im allgemeinen nicht kaufen, tauschen, zugeschickt bekommen wie ein Briefmarkensammler seine Postwertzeichen, sondern er wird sie vorwiegend selbst in der Natur suchen. Das Aufspüren, Bergen und Präparieren üben dabei wesentliche Reize aus. Die Kunst des Präparierens – für manchen eine große Hürde – schafft bei vielen eine ganz persönliche Beziehung zum selbst gefundenen Fossil. Präparation und Entdeckerfreude stellen enge Kontakte des Sammlers zu seinen Fundstücken her und hemmen glücklicherweise beträchtlich das spekulative Geschäft mit Fossilien.

Insgesamt gesehen wird das Aufkommen an Fossilien nicht unwesentlich durch die Vielzahl privater Sammler getragen, die neben Erfahrungen auch das eine oder andere Fundstück austauschen.

Doch an welchen Stellen gibt es Fossilien, und wie kann man sie finden?

Jeder kann Fossilien finden, und an fast jedem Ort kann man sie suchen. Eine besondere Gabe zum Finden von Fossilien gibt es nicht, allerdings schärft sich der Blick mit der Zeit, man gewinnt die Erfahrung, daß es sich lohnt, bestimmte unscheinbare Steine etwas näher zu betrachten. Interesse und Ausdauer sind allerdings Voraussetzung, sei es nun, daß es ein Hobby wird, das nur für Stunden der Entspannung dient, oder daß das Ziel eine reichhaltige und wertvolle Sammlung ist. Die nachfolgenden Abbildungen mögen Anregung sein, sich weiter in der einschlägigen Literatur umzusehen. Bei der Wahl der hier wiedergegebenen Bilder ließen wir uns davon leiten, nicht nur

Entstehung von Fossilien

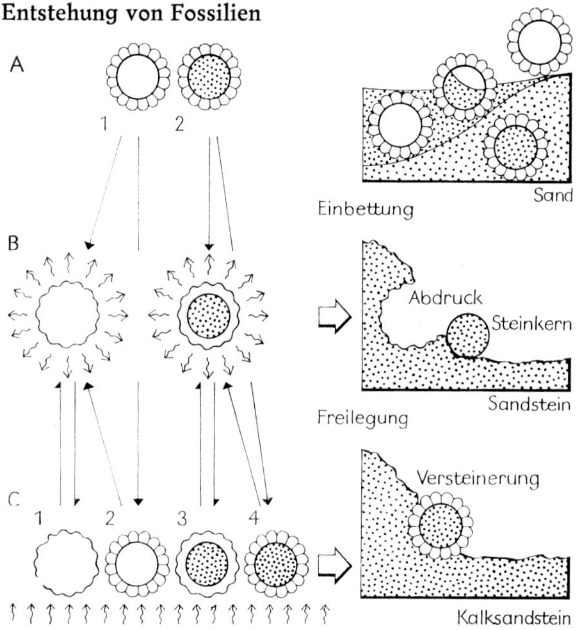

A Bei der Einbettung des Gehäuses (Beispiel: Seeigel) in das Sediment (Beispiel: Sand) kann der Innenraum leer bleiben (1) oder gefüllt werden (2).
B Stoffabfuhr im Sediment führt zu Hohlräumen (Auflösung des Gehäuses), besonders bei der Verwitterung.
C Möglichkeiten der Versteinerung im Wechselspiel der Lösung und Ausscheidung mineralischer Stoffe:
1. Abguß, Vollpseudomorphose.
2. Versteinerung mit sekundärer Füllung des Innenraums durch Mineralien.
3. Ersetzung der Gehäusesubstanz durch Fremdsubstanz; Gehäusepseudomorphose.
4. Erhaltung der Gehäusestruktur bei Füllung der Porenräume durch gleich- oder fremdartige Mineralsubstanz.

Prachtexemplare eines berühmten Museums abzubilden, sondern auch die Schönheit »gewöhnlicher« Fossilien zu zeigen, die jeder selbst finden kann oder die in kleinen Sammlungen bei Bekannten oder in der Schule aufbewahrt werden. Damit der Eindruck möglichst echt vermittelt wird, sind die Fossilien farbig und annähernd in natürlicher Größe abgebildet. Stücke dieser Art bilden das Gros privater Sammlungen.

Das Heer der Mikrofossilien, gegen das man nur mit einer teuren optischen Ausrüstung erfolgreich zu Felde ziehen kann, mußte daher leider unberücksichtigt bleiben. Auch die Riesen unter den Versteinerungen würden den Rahmen dieses Büchleins sprengen. Es wäre wohl auch vergeblich, wollte man in den ersten Jahren des Fossiliensammelns gleich nach Riesensauriern Ausschau halten – sie sind Spezialistensache. Doch sollte einmal ein Baggerführer auf fossile Knochen stoßen – auch beim Tiefpflügen könnte das der Fall sein –, dann sollte man umgehend einen Fachmann benachrichtigen, damit durch ein wissenschaftliches Gutachten die Angelegenheit geklärt wird und unter Umständen eine gezielte Grabung ganze Skelette freilegen kann.

So hat man beispielsweise in jahrzehntelangem Zusammenwirken von Universität und Bergbaubetrieb im über einhundert Meter mächtigen Braunkohlenflöz des Geiseltales bei Halle (Saale) eine Reihe eng begrenzter Fossilfundstellen jeweils nach der Entdeckung vorübergehend für den Abbau gesperrt, um sie mit wissenschaftlicher Sorgfalt abgraben zu können. Das Geiseltalmuseum in Halle (Saale) (DDR) bietet uns heute nicht zuletzt auch dank des umsichtigen Verhaltens der Baggerführer und aller im Großtagebau Beschäftigten einen einmaligen Einblick in die Lebenswelt der Braunkohlenwälder vor 48 Millionen Jahren. Vor fünf Jahrzehnten sind in den Ziegeleigruben von Halberstadt, in denen Tone der oberen Trias anstehen, Dinosaurierskelette ausgegraben worden. Nachdem sie in jahrelanger Arbeit freipräpariert worden sind, stellen sie heute in Halberstadt, Berlin und Greifswald museale Kostbarkeiten dar.

Dort, wo die ganz großen Fossilien geborgen werden, fallen natürlich auch »normale« Fossilien für uns an. Aus Sicherheitsgründen ist es nicht jedem möglich, große Abbaue zu betreten, es sei denn, sie sind stillgelegt oder man arbeitet dort. Aber nicht selten bietet schon der ausgehobene Graben für eine Wasserleitung Erstaunliches, und oft wird man auch in den Steinen am Feldrand fündig. Wo Steinbrüche und Gruben in Betrieb sind, sollte man sich vor dem Betreten immer die Erlaubnis dazu einholen.

Grundlage für unsere Suche nach Fossilien ist die Kenntnis der geologischen Situation. Fossilien finden sich nur in Ablagerungsgesteinen (Sedimenten), niemals aber in Tiefen- oder Ergußgesteinen, wie Granit, Porphyr, Basalt und Gneis. Darum ist es auch nutzlos, in weiten Teilen des Erzgebirges, der Oberlausitz, des Riesengebirges, des Böhmer- und des Bayrischen Waldes oder etwa in den Zentralalpen nach Fossilien zu suchen. Dort herrschen an der Oberfläche Tiefengesteine vor und nicht Meeres- oder inländische Ablagerungen.

Werfen wir einen Blick auf eine geologische Karte, wie wir sie in jedem Schulatlas finden. Die in kräftigen roten Farbtönen dargestellten Gebiete lassen zwar das Herz des Mineraliensammlers höher schlagen, uns interessieren sie jedoch für unser Hobby nicht: Es sind Tiefen- und Ergußgesteine. Wir starten bei grünem Licht und sind ausnahmsweise auch bei Gelb nicht zu halten, denn lichtgrüne Farben auf der Karte bedeuten Ablagerungen der Kreidezeit, gelbe verweisen auf das Tertiär – die Braunkohlenzeit –, und beide versprechen gute Fundmöglichkeiten.

Weiter verbreitet an der Erdoberfläche Mitteleuropas sind aber die fossilreichen Sedimente der Trias und des Juras. Auf der geologischen Karte erscheinen sie eingekeilt als großes Gebiet zwischen der kristallinen Böhmischen Masse und dem rheinischen Devon, außerdem flankieren sie als Nördliche und Südliche Kalkalpen den zentralen Kristallinzug der Alpen.

Während uns die bekannten Steinkohlengebiete signalisieren, wo Fundmöglichkeiten für Pflanzenreste aus den Zeiten des Karbons und des Rotliegenden bestehen, sind als Fundgebiete altpaläozoischer Fossilien vor allem die Umgebung von Prag, die zu Ehren ihres berühmten Erforschers Barrandium genannt wird, Ostthüringen, das Vogtland und die Karnischen Alpen zu erwähnen. Von besonderer Bedeutung ist das belgisch-rheinische Devongebiet, ein klassisches Forschungsgelände für Ablagerungen dieser Epoche.

Sind wir uns über diese Voraussetzungen im klaren, und können wir unser Sammel- und Heimatgebiet in den großen geologischen Rahmen einordnen, dann ist der nächste Schritt die Suche nach einschlägiger heimatkundlicher Literatur, nach Exkursionsführern, detaillierten geologischen Karten und Museen. Vor allem aber mustern wir »unser« Gelände auf das Vorhandensein von »Aufschlüssen«. So bezeichnet der Geologe alle jene Stellen, an denen ihm der Einblick in das vorliegende Gestein weder durch Boden- und Pflanzendecke noch durch Schutt oder Bebauung verwehrt wird. Bei der kräftig entwickelten Boden- und Pflanzendecke in unserer feucht-gemäßigten Klimazone sind nur die Hochgebirge besonders aufschlußreich. Die Mittelgebirge bieten erheblich weniger natürliche Aufschlüsse, und im Flachland findet man sie – abgesehen von der Küste – kaum noch. Dafür häufen sich die künstlichen Aufschlüsse, wie sie vom Straßenbau, Tiefbau, Bergbau usw. geschaffen werden. Für die geologische Forschung und Erkundung in aufschlußarmen Landstrichen müssen sogar spezielle Aufschlüsse geschaffen werden: Erkundungsschürfe, Bohrungen, Stollen und Schächte. Die so gewonnenen Proben wandern samt den darin enthaltenen Fossilien in die Magazine der Erkundungsbetriebe. Die Bedeutung solcher zeitweiligen Aufschlüsse für die geologische Forschung ist groß, trotzdem aber darf man die unzähligen Kleinaufschlüsse nicht übersehen. Hier bietet sich eine verdienstvolle Aufgabe für den heimatverbundenen Fossiliensammler.

Wo wenig Aufschlüsse zur Verfügung stehen, verdienen die »Lesesteine« alle Aufmerksamkeit. Angewittert und vom Regen saubergewaschen, zeigen sie oft schon an ihrer Oberfläche, spätestens aber nach dem ersten Hammerschlag, was in ihnen ist. Die moderne Feldwirtschaft bringt durch das Tiefpflügen, die Beseitigung der Raine und leider auch durch Bodenerosion zahllose Steine ans Tageslicht.

Eines der größten Ärgernisse für den Fossiliensammler ist der Müll, mit dem zunehmend alte Steinbrüche und Gruben verfüllt werden, darunter auch solche, die es wert gewesen wären, als Naturdenkmale geschützt und erhalten zu bleiben. Ein nachahmenswertes Beispiel aus der Volksrepublik Ungarn sei deshalb hier besonders erwähnt: In Várpolata ist in einer Vorstadtsiedlung ein berühmter Fundort eines Tertiärsandes mit einem Massenvorkommen von Muscheln und Schnecken – eine kleine ehemalige Sandgrube – eingezäumt und unter Aufsicht und Schutz gestellt worden.

Bestrebungen dieser Art verdienen engagierte Unterstützung. Es geht ja nicht darum, Schutzzonen für Sammler zu errichten, sondern erdgeschichtliche Denkmale zu erhalten und nötigenfalls diese besonderen Aufschlüsse auch vor rücksichtslosen Sammlern zu schützen, die mehr zerstören als erhalten. Wir sollten daher Fossilfundpunkte stets so behandeln, als stünden sie allesamt unter Denkmalsschutz.

In keiner Fossiliensammlung fehlen die schwarzen Blattreste der Steinkohlenschiefertone. Im Steinkohlenflöz nach fossilen Pflanzen zu suchen hat wenig Sinn; nur die Dolomitknollen im Flöz Katharina in Westfalen sind wegen ihrer körperlich und strukturell erhaltenen Pflanzenreste berühmt. Die inkohlten Blattwedel der Samenfarne und Farne sind in die Lagen über den Flözen eingebettet, man findet sie normalerweise auf den Abraumhalden. Allerdings kommt infolge des modernen Schlämmversatzes beim Abbau immer weniger Abraum mit guten Pflanzenresten auf die Halde, so daß die einwandfreien Funde nunmehr seltener und kostbarer werden.

Wenn Tongesteine geschiefert sind, kann man in ihnen kaum noch Fossilien aufspüren. Schichtung und zarte Pflanzenreste wurden durch die anders gerichtete Schieferung zerstört, Weichtierschalen und Trilobitenpanzer oft bis zur Unkenntlichkeit deformiert. Wo aber Schieferung und Schichtung in der gleichen Ebene liegen, besteht noch Hoffnung auf eine Fossilausbeute. Als Beispiel seien hier nur die verkiesten Seesterne und Seelilien der unterdevonischen Dachschiefer von Bundenbach im Hunsrück und die großflächigen Pflanzenreste, zum Teil sogar Gabelwedel, im mährisch-schlesischen Dachschiefer der ČSSR erwähnt. Da diese Schiefer heute nicht mehr von Hand, sondern maschinell abgebaut werden, sind die besten Funde bereits in früheren Jahrzehnten gemacht und in Sammlungen niedergelegt worden. Kein Fundstück sollte bei der Auflösung einer solchen Sammlung verlorengehen.

Im Porphyr nach Fossilien zu suchen ist sinnlos, aber zwischen den Porphyrdecken des Rotliegenden finden sich z. B. im Thüringer Wald dunkle Tongesteine mit Resten von Pflanzen, Fischen, Lurchen und Insekten und Sandsteine mit Saurierfährten. In vulkanischen Aschen, den Tuffgesteinen, haben mineralhaltige Wässer Pflanzen und Tiere in oft einzigartiger Weise fossilisiert. Berühmt ist der mitteldevonische Hornstein von Rhynie in Schottland, in dem Urlandpflanzen und die ersten flügellosen Insekten erhalten sind. Auch die verkieselten Stämme aus dem unteren Rotliegenden von Karl-Marx-Stadt (DDR) lassen in Chalzedon oder Flußspat umgewandelte Holz-, Rinden- und Wurzelstrukturen erstaunlich gut erkennen. Derartige Holzreste sind in Rotliegend-Ablagerungen weit verbreitet.

Niemand wird im Granit einen Fossilfund erwarten, auch dann nicht, wenn dieser Granit Einschlüsse von Bruchstücken anderen Gesteins enthält. Aber die Bildhauer benutzen gern den sogenannten »schwarzen belgischen Granit«, in dem Korallen, Schnecken und Brachiopoden deshalb so häufig sind, weil er in Wirklichkeit dunkler Kalk – sogenannter Kohlenkalk – des unterkarbonzeitlichen Meeres ist. Viele fossilführende Kalkgesteine werden auch heute noch zu »Marmorplatten« (eigentlich macht erst eine Umkristallisation den Kalk zum Marmor) verarbeitet, aus dem Oberdevon Thüringens und aus der Trias der Ostalpen z. B. die rotbunten Cephalopodenkalke, die wir an den Ammonitenquerschnitten unschwer erkennen.

Andere fossilreiche Kalke wurden dort, wo es sich anbot, zu Quadern und Skulpturen behauen, so die festen Bänke des Thüringer Muschelkalkes. Als Baustein für die Prachtbauten der Wiener Altstadt diente der jungtertiäre Leithakalk. Mit Recht schätzen Sammler die Kalkgesteine in ihrer bunten Vielfalt als wichtige Fossillieferanten vergangener Meeresfaunen. Denken wir über die bisher erwähnten hinaus doch auch an den Solnhofener Lithographenkalk und andere Jurakalke, an die Rügener Schreibkreide, den Pläner Sachsens und Niedersachsens oder die devonischen Riffkalke des Harzes, des Sauerlandes und der Eifel.

Liegen die Schichtgesteine noch flach und relativ ungestört, so können sie auch bei geringer Mächtigkeit weite Gebiete bedecken, wie etwa die Trias-Ablagerungen des Thüringer Beckens oder die Braunkohlenflöze und Sande der Lausitz. Wo sie aber gefaltet, gegeneinander verschoben oder einfach schräggestellt sind, können sich ganz verschiedene geologische Schichten in einem Straßeneinschnitt oder an einem Bachlauf aneinanderreihen und damit Fundpunkte vielfältigster Fossilien bilden. Im Vorharzgebiet z. B. enthält das Innere des Quedlinburger Sattels Keuper- und Liasschichten. Dort kann man von den Feldern geräumte Kalksandsteingeoden des Lias α von einem Meter Durchmesser finden, die lagenweise Unmengen kleiner Austernschalen, einzelne Ammoniten oder auch Pflanzenreste (Clathropteris, Sagenopteris, Equisetites) enthalten. Wenige hundert Meter entfernt zeigen die Sandsteinhügel vor Quedlinburg vier Wurzelböden und Pflanzenabdrücke der Unterkreide, während wir weiter südlich auf einen Höhenzug aus festen Mergelbänken der Oberkreidezeit stoßen. Dort am Salzberg kann man nach Abdrücken und Steinkernen einer reichen Molluskenfauna graben, ganz zu schweigen davon, daß hinter den Hügeln eine Tongrube zahllose Blätter der Oberkreidezeit birgt (Abb. S. 91).

Manchmal sind in Aufschlüssen längst versiegte Bachläufe wiederzuerkennen, wenn sie sich in Tonlager oder in Braunkohlenflöze eingeschnitten haben und dort als Sandlinse – später überlagert von anderen Sedimenten – erhalten blieben. In der Lausitz, im niederrheinischen Braunkohlengebiet ebenso wie im Linzer Sand in Oberösterreich kann der Sand solcher tertiärer Bachläufe voll von verschwemmten fossilen Samen stecken (Abb. S. 94 o. l.). Es lohnt sich auf jeden Fall, den Sand mit einem Drahtsieb und Wasser zu schlämmen und die ausgewaschenen Samen langsam (über Tage und Wochen) zu trocknen.

Wo reiche Fundschichten für Fossilien zutage treten, wird jeder immer wieder erstaunt sein, wie viele Stücke man unter günstigen Umständen sammeln kann. Dann muß man sich entscheiden, welche man nun eigentlich mitnehmen sollte.

Im Zuge einer sinnvollen Freizeitgestaltung drängt es heute besonders die Großstädter in die Natur. Unter ihnen gibt es viele Freunde des Fossiliensuchens, und jeder von ihnen hat nahe seiner Heimatstadt auch die Möglichkeiten, seinem Hobby nachzugehen. Was dem Wiener die zahlreichen Fossilfundpunkte im Tertiär der Umgebung von Wien bedeuten, wie der Tonmergel von Baden, der Leithakalk von St. Margarethen, die Sande von Grund und Eggenburg oder die Lumachelle von Nexing mit ihren zahlreichen Molluskenfaunen, das sind dem Prager Sammler die weit über die ČSSR hinaus bekannten und geologisch berühmten Fundpunkte des Barrandiums. Für den Sammler aus Berlin oder Rostock ebenso wie für den Geschiebeforscher in Hamburg sind die vielen Kiesgruben im eiszeitlich geprägten Flachland und die Blockstrände der Ostsee mit ihrer bunten Vielfalt an Geschiebefossilien das Eldorado ihrer Sammelleidenschaft.

Mit den Geschiebefossilien betreten wir ein Sammelgebiet, das sich wesentlich von den vorher genannten unterscheidet. War bisher das strenge Zeitmaß der in geologischer Ordnung liegenden Schichten Bezugspunkt unseres Sammelns, so haben wir es nun mit gemischten Schichtgesteinsfragmenten und Fossilien verschiedenartigster Herkunft zu tun. Nicht die Schichtenfolge im Aufschluß, ihr Alter und die dazugehörige ehemalige Lebewelt suchen wir in den Geschieben zu erkennen. Es ist das Bruchstückhafte der Erscheinungen, das beim Geschiebesammeln unsere Phantasie herausfordert, uns reizt, um Deutung zu ringen und die Einordnung in das Bekannte abzuwägen.

Die Gletscher der Eiszeit haben das Flachland Mitteleuropas in den letzten zwei Millionen Jahren wiederholt unter Gesteinsschutt begraben. Nach ihrem Abtauen hinterließen sie den Schutt – vom feinsten Korn bis zum großen Findling – als Moränen. Die so aus dem angrenzenden Norden (Untergrund der Ostsee, Schweden, Norwegen, Finnland) herbeigeschobenen Gesteine nennt man daher Geschiebe, auch dann noch, wenn sie nachträglich von den Schmelzwassern ausgewaschen und zu Geröllen abgerollt wurden.

Wenn die Geschiebe auch vorwiegend kristalline Gesteine umfassen, so sind doch zahlreiche fossilführende Sedimentsgesteine vertreten, insbesondere die verschiedenartigsten Kalksteine. Eine einzige Kiesgrube erlaubt uns oft, die ganze Erdgeschichte des Ostseegebietes mit Dokumenten zu belegen.

Mit Sicherheit finden wir den frühkambrischen Skolithensandstein mit seinen zahlreichen, senkrecht zur Schichtung stehenden ehemaligen Wurmröhren. Seltener sind die schwarzen spätkambrischen Stinkkalke, die massenhaft winzige Trilobitenpanzer als Häutungsreste enthalten können. Zu den häufigsten Geschieben zählen die grauen und roten Orthocerenkalke aus dem tiefen Ordovizium mit vielen Orthoceren, Trilobiten und Schnecken oder solche charakteristischen Kalke des höheren Ordoviziums, wie Backsteinkalk, Macrourakalk oder Ostseekalk vom Boden der nördlichen Ostsee. Das Silur vertreten Graptolithengestein, Gotländer Korallenkalk (ein Hinweis auf die äquatornahe Lage Nordeuropas vor 400 Millionen Jahren), Crinoidenkalke und der sehr verbreitete Beyrichienkalk mit seiner gut erhaltenen Muschelkrebsfauna, vielen Armfüßerklappen, Moostierchenstöcken und anderem mehr. Aus mesozoischer Zeit finden wir häufig die Fossilien der Schreibkreide: isolierte Belemnitenrostren (»Donnerkeile«) und dicke Austernschalen sowie im Feuerstein die Reste von Seeigeln, Schwämmen, Moostierchen und Armfüßern. Seltener oder nur lokal vertreten sind Sedimentärgeschiebe aus dem Jura und dem Tertiär. Oft handelt es sich dabei um braune Sandsteine mit Pflanzenresten oder Muscheln und Schnecken – ein Fossilinhalt, der Hinweise auf die Paläogeographie, auf ehemalige Küstenlinien und Festlandsgebiete damaliger Zeiten, vermittelt.

Dem Unerfahrenen sei noch ein guter Ratschlag gegeben: Vergessen Sie nicht, wenn Sie auf »Jagd« nach Fossilien gehen, sich außer mit Hammer, Lupe, Notizbuch und Verpackungsmaterial auch mit etwas Pflaster zu versehen! Sie können es nicht nur für die provisorische Numerierung Ihrer Funde gebrauchen. Zähe, scharfkantig splitternde Gesteine sind heimtückisch. Auch eine Schutzbrille ist deshalb wirklich kein »albernes Requisit«.

Was haben Fossilien auszusagen?

Zwischen dem Fossiliensammler und dem fossilhaltigen Gestein entwickelt sich so etwas wie ein Dialog. Das Gestein hat gewissermaßen Erinnerungen an längst vergangene Zeiten gespeichert. Jedes Fossil ist ein Zeuge davon und kann uns eine Geschichte erzählen. Der Sammler beobachtet nicht nur den tierischen oder pflanzlichen Rest, sondern auch die Art und Weise seiner Einbettung im Gestein, seine Erhaltung und spätere Veränderung.

Das auf Seite 91 gezeigte Credneria-Blatt liegt gewölbt im Sandstein, andere Blätter dieser Fundschicht sind sogar eingerollt – die herabfallenden Blätter müssen daher sehr rasch vom Sand eingehüllt worden sein. Neben dem Ur-Ginkgoblatt (Baiera, Abb. S. 89 u.) liegen runde Samen – Samen und Blätter fielen also zur gleichen Zeit, wie wir es auch heute beim Ginkgo kennen. Die Cardiopteridium-Blättchen (Abb. S. 63 o. r.) haben ebenso wie die Triebe von Taeniocrada (Abb. S. 62 o. r.) und die nur wenig älteren Schiefergraptolithen (Abb. S. 61) einen weißlichen bis schwach farblichen Überzug des Tonminerals Gümbelit – ein Hinweis darauf, daß diese Schichten nach ihrer Ablagerung in größere Tiefen und in die Nähe eines Hitze ausstrahlenden Tiefengesteinskörpers gelangten, wodurch alle pflanzliche und tierische Substanz bis zum Anthrazit inkohlte. Damit einher ging die Wanderung mineralischer Bestandteile, die den weißlichen Überzug hervorbrachte. Der Nadelzweig aus Solnhofen (Abb. S. 90 o.) wurde zum Ausgangspunkt feiner Haarrisse im Gestein, in denen manganhaltige wäßrige Lösungen Mangandendriten bildeten.

Die kräftigen Seelilien im Schaumkalk der Germanischen Trias (Abb. S. 76 o.) weisen auf ein warmes, normal salziges Flachmeer zu ihrer Lebenszeit hin, während die gleichgerichteten Arme fossiler Seesterne im Hunsrückschiefer (Abb. S. 59 o.) eine ganz leichte Strömung des bodennahen Wassers anzeigen.

Die Riffkorallen waren und sind Bewohner tropisch-warmer Meere. Als Fossilien (Abb. S. 58 o. und Abb. S. 58 u.) stellen sie daher wesentliche Klimazeugen der Erdgeschichte dar. Unter günstigen Bedingungen konnten Korallenriffe über viele Millionen Jahre wachsen und mächtige Massen sehr reinen Kalkes ansammeln, die heute wichtige Rohstofflagerstätten der chemischen Industrie bilden, wie z. B. der Rübeländer Kalk im Harz. Auf der Oberfläche angewitterter Kalkstücke kann man bei Rübeland Anschnitte von Korallen beobachten. Vor 370 Millionen Jahren verlief der Äquator von Nordwest nach Südost durch Mitteleuropa. Auf jener so andersartigen paläozoischen Erde war beispielsweise auch das Erdjahr viel länger als heute und zählte etwa 420 Tage. Zu diesem Ergebnis ist man durch die Feinuntersuchung von Dünnschliffen sehr gut erhaltener Riffkorallen gekommen und hat damit astronomische Berechnungen bestätigt. Es gelang, im Zuwachs der Skelettsubstanz Tages- und Jahresrhythmen wiederzuerkennen.

In den massiven »Donnerkeilen« (Abb. S. 82) hat sich der Kalkspat ($CaCO_3$) teilweise unverändert so erhalten können, wie er ursprünglich vom Tintenfisch ausgeschieden worden ist. Aus dem Verhältnis der Sauerstoffisotope O^{16} und O^{18} kann man ermitteln, bei welcher Umgebungstemperatur ein Kalkspat entstand, so daß die Donnerkeile gewissermaßen als »fossile Thermometer« vergangener Meere dienen. Untersucht man die konzentrischen Wachstumslamellen der Belemnitenrostren der Reihe nach, dann erhält man eine Temperaturkurve mit mehreren Maxima und Minima. Aus dieser Kurve kann man entnehmen, wie der jahreszeitliche Verlauf der mittleren Meerestemperatur war und daß Belemniten wie vergleichbare heutige Tintenfische drei bis vier Jahre alt wurden.

Eigene Beobachtungen und der allgemeine Erkenntnisfortschritt lassen uns die Fossilien immer wieder mit anderen Augen sehen. Aber auch in den häufiger abgesammelten Aufschlüssen bieten uns die Fossilien ständig neue Seiten dar, und neue Entdeckerfreude setzt den Sammler stets wieder in Erregung. Andere, aussagereichere Funde regen an, nach noch besseren Ausschau zu halten, noch unbekannte Details zu entdecken. Auch Fossilien der gleichen Art können sehr verschieden aussehen. Das resultiert aus der enorm hohen Zahl von Varianten, die sich als Kombinationen der vielen möglichen Lebens-, Fossilisations- und Fundbedingungen ergeben.

Wie bestimme ich Fossilien?

Bei heute lebenden Blüten kann man die Staubgefäße zählen, bei Insekten die verschiedenartigen Gliedmaßen – bei Fossilien läßt sich diese Bestimmungsmethode nicht anwenden, wenn man von der Ausnahme der Bernsteineinschlüsse absieht. Daher gibt es keinen Bestimmungsschlüssel für Fossilien, die Paläontologie setzt gewissermaßen alles botanische und zoologische Wissen voraus und bemüht sich, die Fossilfunde in dieses Wissen einzuordnen. Diese Methode findet dort ihre natürlichen Grenzen, wo es sich um Tier- oder Pflanzengruppen früherer Zeiten handelt, die man mit heutigen nur noch schwer vergleichen kann, weil sie nachkommenlos erloschen sind.

So zahlreich auch die Funde an dem einen oder anderen Ort sein mögen, immer erhalten wir nur kleine Einblicke in Zeiten vor Millionen Jahren. Darum wird es gut sein, wenn wir uns des bereits gesammelten Wissens bedienen. Das Geologiebuch der betreffenden Landschaft – in ihm sind auch die häufigsten Fossilien abgebildet – sagt aus, um welch geologisches Alter es sich bei unserer Fundstelle handeln dürfte. Orientieren wir unsere Bestimmung danach, so stehen wir auf sicherem Boden. Vielleicht hat auch das nächste Stadtmuseum eine öffentliche Sammlung oder Ausstellung von Fossilien. Dort kann man Namen, Fundort und alle Einzelheiten vergleichen. Auch Wissenschaftler gehen nicht anders an das Fossilbestimmen heran. Bücher mit Abbildungen und Beschreibungen sowie Sammlungen in Museen sind die zuverlässigsten Mittel zum Bestimmen von Fossilien. Sehr oft genügt nicht ein Exemplar, sondern viele sich gleichende und doch ergänzende Funde werden benötigt, um eine Bestimmung zu sichern. Fossile Farne können ohne Sporangien etwas anders aussehen als mit Sporangien. Manche haben an der Achse zusätzliche und abweichend geformte Blätter (Abb. S. 67). Vor allem aber »Erhaltungszustände« vermitteln ein unterschiedliches Bild. Die sedimentgefüllten Stammhohlräume der Kalamiten wurden zu längsgerippten und quergegliederten Steinkernen, die in jeder Fossiliensammlung liegen. Die eigentliche Pflanze bildete den mehr oder weniger dicken Kohlenbelag, den der Sammler vielleicht als unwichtig wegpräpariert hat. Sigillarienstämme haben mehrere unterschiedliche Rindenschichten; Verkieselungen offenbaren erst im Anschliff, wieviel sie von der inneren Struktur der Stämme (Abb. S. 71 u., S. 72 o. und S. 73) oder was sonst noch erhaltungsfähig war, wiederzugeben vermögen. Unter Umständen sind solche Intuskrustationen die wissenschaftlich wertvollsten Fossilien.

Abdrücke oder Steinkerne zeigen also nur einen Teil der Bestimmungsmerkmale und selten die charakteristischen. Zur exakten Bestimmung benötigen wir demzufolge beide Negativformen, wenn das Fossil nicht mehr körperlich erhalten ist. Gelegentlich wird die Bestimmung mit Recht auf die Spitze getrieben. An Weichtiergehäusen z. B. gibt es viele täuschende Übereinstimmungen zwischen Gattungen ganz verschiedener Gruppen. Auch aus diesem Grunde sind bei fossilen Schnecken und Kopffüßern die winzig ausgebildeten Merkmale der embryonalen Gehäusespitze wichtige Indizien – zumindest ebenso wichtig wie die auffallende Form der Endwindung. Das Etikett, mit dem wir unseren Fund versehen, sollte neben dem Fundort nun auch die Bestimmung des Fossils und seines Erhaltungszustandes angeben.

Die Namen der Fossilien und die systematische Gruppierung haben unserer Verständigung zu dienen. Sie sind an einen bestimmten Begriffsinhalt gebunden und sollen nur in diesem Sinne benutzt werden. Aber tatsächlich ist die genaue Zuordnung eines Fossils manchmal nur noch einem

Spezialisten der entsprechenden Tier- oder Pflanzengruppe möglich. Darum sollte man die bei einer Bestimmung entstehende Unsicherheit niemals vertuschen, sondern deutlich zum Ausdruck bringen. Das eventuell hinter den Namen gesetzte Fragezeichen (oder die Hinzufügung von cf. oder aff., was abgestuft ähnliches bedeutet) dient jedem als ständige Mahnung zur Korrektur. Zur eigenen Erinnerung und zum Verständnis kann man auf dem Etikett noch die Abbildung des Buches oder den Namen des Spezialisten vermerken, der die zutreffende Bestimmung garantierte. In Museen geben die oft zahlreich übereinanderliegenden Etiketts an einem Fossil Zeugnis von den ergänzenden Bestimmungen vieler Spezialisten, und manchmal sind darunter auch berühmte Namen früherer Generationen.

Wie sammle ich Fossilien?

Am Anfang steht das wahllose Sammeln. Wir tragen alles an Fossilien zusammen, was wir nur erhalten können, und darüber hinaus manchen absonderlich geformten Stein, den die überschäumende Phantasie ebenfalls für eine Versteinerung hält. Doch bald zwingt uns die Enge in der Wohnung, im Keller oder im Schuppen zur überlegteren Auswahl, und manches »Prachtexemplar« aus der Anfangszeit muß einem besseren Stück weichen. Trotzdem sollte man die »Überzähligen« nicht gleich fortwerfen, denn auch die Fossilien, die ein erfahrener Sammler nicht seinem Tauschfonds zuführt, können Anfängern – besonders Kindern – eine Freude machen und ihnen Anregung sein.

Nun zu den praktischen Hinweisen: Tone enthalten oft sehr schöne und wertvolle pflanzliche oder tierische Fossilien (Abb. S. 66 o., S. 80 u., S. 94 o.l.), sie haben aber den Nachteil, beim Trocknen im Sammlungsschrank Risse zu bekommen. Wenn man den bergfeuchten Ton mit dem freigelegten Fund jedoch langsam trocknet, bleibt das Stück unbeschädigt. Am besten wickelt man den Fund in Zeitungspapier und legt ihn in eine Pappschachtel, wo er über Wochen langsam in sich zusammentrocknet.

Oft zerspringt uns ein Fundstück noch beim letzten Hammerschlag. Schon am Fundort sollte man die Bruchstücke und Splitter wieder zusammenfügen und abgesprungene Schalenstücke auf den Steinkern kleben, falls man es nicht vorzieht, die sorgsam aufgelesenen Splitter in einem Röhrchen für die Präparation daheim mitzunehmen. Nicht selten springt auch ein gutes Fossil beim Schlag fort. Beim Suchen in den Gesteinstrümmern nach dem bewußten Stück wird unsere Ausdauer mitunter auf eine harte Probe gestellt. Aber nichts Wesentliches sollte liegen gelassen oder weggeworfen werden, niemand sollte zerbrochene Stücke mißachten, auch sie sind aussagekräftig. Allerdings muß man deshalb das Nachforschen nach vollständigeren Fossilien nicht aufgeben. Fossile Pflanzenreste sind schließlich niemals vollständig! Beim Aufspalten eines Steinkohlenschiefertones hält man einen Druck und einen Gegendruck in der Hand. Beide Teile sind wichtig, doch man sollte sie einzeln einpacken, um die Stücke nicht zu zerschrammen, wenn man sie aufeinander legt.

Als Handwerkszeug verwendet man am besten einen oder mehrere normale Hämmer und einen kleinen Meißel.

In der ersten Phase unserer Sammeltätigkeit haben wir mit den Fossilien auch unsere ersten Erfahrungen gewonnen und einen gewissen Einblick in das Reich des längst Vergangenen erhalten. Wir haben uns bei anderen Sammlern Rat geholt und uns in Büchern und Museen umgesehen. Wir sind vertrauter geworden mit Vorkommen und Erhaltungszuständen der Fossilien, kennen die geologische Zeitskala, die wichtigsten lebensgeschichtlichen Ereignisse und haben über die systematische Ordnung der Tiere und Pflanzen nachgelesen. Das alles erleichtert die Entscheidung, worauf wir uns in Zukunft beschränken wollen, auf welchen Sammelgebieten wir am effektivsten oder mit der größten Befriedigung wirken können.

Erfahrene Fossiliensammler wissen, daß man beim Sammeln bestimmte Regeln zu beachten hat. So steigt und fällt der Wert eines Fossils mit der Dokumentation, mit dem stichwortartigen Fundbericht in Form eines Beizettels, eines Etiketts. Ein Fossil ohne Etikett ist wie eine Krankheit ohne Namen – ein unerkanntes Etwas.

Jedes Stück einer Sammlung ist gewissermaßen aus dem Zusammenhang gerissen worden, stellt ein Zitat aus dem Buch der Erd- und Lebensgeschichte dar. Ein solches Zitat kann aufgrund seiner Aussagekraft allein schon große Bedeutung haben, aber normalerweise reichen einzelne Sätze oder Wörter nicht aus, um eine Geschichte zu begreifen, wenn der Zusammenhang unbekannt ist. Man muß wenigstens Seite oder gar Zeile des Buches kennen – also Fundort und Gesteinsschicht, die wir auf dem Etikett vermerken. Die Situation der Fundschicht sollten wir näher charakterisieren und – soweit bekannt – ihr geologisches Alter eintragen. Auch der Name des Finders und das Datum können später einmal unerwartete Bedeutung haben. Diese Angaben sind zunächst wichtiger als die Bestimmung des Fossils selbst, deren Genauigkeit ja immer relativ bleibt, da sie von den speziellen Kenntnissen des Bestimmers und dem jeweiligen Stand der Systematik und der Nomenklatur der Gruppe abhängig ist.

Mit dem Beizettel zusammen bewahren wir das Fossil in einer passenden Schachtel auf. Empfehlenswert ist auch, gute Stücke direkt mit einer Aufschrift, die wenigstens den Fundort und unsere Katalognummer umfaßt, zu versehen. Auf einer lackierten Stelle läßt sich mit Tusche schreiben.

Das Ordnungsprinzip hängt vom Sammelgebiet ab, für das wir uns entschieden haben. Eine Sammlung läßt sich nach dem System der Tiere und Pflanzen, nach der geologischen Zeitfolge oder aber nach Fundpunkten ordnen. Es kann sinnvoll sein, Floren- und Faunengesellschaften zu sammeln, entwicklungsgeschichtlich interessant ist das Beobachten systematischer Gruppen (Taxa) durch die Zeiten. Bei Geschieben sollte man besonders auf die Fossilgesellschaft achten, denn Geschiebe sind immer nur Teil einer Schicht. Auf den Etiketten der einzelnen Fossilien gibt man daher Hinweise auf die dazugehörigen Fundstücke aus dem gleichen Geschiebeblock, oder man hält die Ausbeute eines reichen Geschiebes als Fossilliste in einer Kartei fest.

Wenn wir unsere Fundstücke in die flachen Schubläden eines Schrankes legen, sind sie – wie in den Sammlungsschränken der Museen – jederzeit griffbereit.

Wie präpariere ich Fossilien?

Fossilien sind dem Schichtgestein eingelagert, sie bilden eine Unstetigkeitsfläche der Festigkeit des Gesteins – ein geschickter Hammerschlag an der richtigen Stelle kann das Fossil schon zu 70 bis 90 % bloßlegen. Darum zerschlägt man Gesteine nicht wahllos, sondern bemüht sich, die natürliche Schichtung des Gesteins aufzuspalten, um das Fossil nicht zu zerstören. Die Schiefertone der Steinkohlenhalden bergen Pflanzenreste in Form eines dünnen Kohlenbelages – eine extreme Unstetigkeitsfläche der Festigkeit also. Das Aufschlagen fossilreicher Schichtflächen, die sich nach der Musterung des Steins vermuten lassen, will geübt sein. Das gilt auch für Graptolithenschiefer, plattige Kalke und Sandsteine sowie für Fossillagen in derben, grobbankigen Sedimentgesteinen.

Die Präparation beginnt also mit dem ersten Hammerschlag. Mit feinen Meißeln, mit Nadeln oder einem spitzen Messer wird das auf einem Sandkissen liegende Stück dann noch nachpräpariert. Vorsicht beim Benutzen von Wasser! Pflanzenreste auf Schiefertonen sehen zwar bei Wasserbenetzung wunderbar aus, aber durch das Quellen der Tonmineralien und durch ein Verschlämmen kann der Pflanzenrest beschädigt werden. Wenn Fossilien in Schwefelkieserhaltung (Pyrit, Markasit) goldglänzend vorliegen, so ist Feuchtigkeit eine große Gefahr, denn zerfallener Schwefelkies ist sehr unansehnlich und zerstört das schönste Fossil. Verkieste Fossilien wird man darum möglichst – nach dem langsamen Austrocknen – mit verdünntem Lack tränken oder überziehen. Ein entsprechendes Verfahren empfiehlt sich auch gelegentlich für andersartig erhaltene tierische Fossilien in Tonen und Mergeln. Pflanzenfossilien sollte man jedoch nur in Ausnahmefällen lackieren. Bei einer wissenschaftlichen Untersuchung des Kohlenbelages, z. B. um Epidermispräparate herzustellen oder um Sporangien auf ihren Sporeninhalt zu untersuchen, muß der Lack später wieder abgelöst werden, wodurch das Fossil leidet.

Vielfach sind pyritisierte Fossilien auf den Schicht- und Schieferflächen zunächst nur schemenhaft zu erkennen. In ihrer wahren Gestalt werden sie erst auf Röntgenaufnahmen der dünnen Schieferplatten sichtbar. Auf der Schieferplatte legt man sie mit weichen Kupferdrahtbürsten oder feinen Sandstrahlgebläsen vorsichtig frei.

Um Abdrücke und Steinkerne in mürben Sandsteinen zu sichern, hat es sich bewährt, den Sandstein noch im bergfeuchten Zustand mit verdünntem, farblosem Latex zu tränken.

Tierische Fossilien, z. B. bizarre Trilobiten, zeigen oft tief im Gestein verborgene Anhängsel des Chitinpanzers. Sie sind natürlich durch keinen noch so gut gemeinten

Hammerschlag freizulegen. Der Geschiebesammler wird es mit seinen feinen Meißeln und Nadeln oder am besten mit einem Zahnarztbohrgerät versuchen. Gute Präparatoren leisten dabei eine Arbeit, die der eines Bildhauers oder Bildschnitzers vergleichbar ist.

Zum Anschleifen fossiler Hölzer und Stämme benötigt man durchaus keine teuren Maschinen. Einige dicke Glasplatten als Unterlage und wenige Sorten Schleifpulver (Karborundpulver) genügen – neben der großen Geduld, die man aufbringen muß, um mit drehender Handbewegung auf der Glasplatte und dem feuchten Schleifmittel das Fossil glattzuschleifen. Das Polieren kann man sich danach sparen, denn feucht oder lackiert sind alle Einzelheiten im Anschliff sichtbar.

Tone, z. B. des Lias, der Kreide und des Tertiärs, enthalten unter Umständen derbe, ursprünglich feste Pflanzenreste (Blätter von Pterophyllum, Sagenopteris, Koniferennadeln), die sich beim Trocknen von ihrer Unterlage ablösen. Man klebt sie vorsichtig auf Papier oder legt sie in ein Glasröhrchen. Es wäre ein Fehler, diese Teile mit einem Pinsel wegzuwischen – der zurückbleibende Abdruck ist weniger wert als das weggeblasene Fossil!

Manche Mineralien säubert man bekanntlich mit Hilfe von verdünnter Salzsäure. Bei Fossilien sollte man sehr vorsichtig damit sein, es gibt jedoch Fälle, in denen sich ein Anätzen lohnt. Das muß man an weniger guten Stücken erst ausprobieren. Körperlich erhaltene Graptolithen können so aus frischem Kalkstein freigelegt werden, bei angewitterten Kalksteinen führt diese Prozedur aber schnell zum Zerfall der Graptolithen. Verkieselte Schalen in Kalken lassen sich mit Salzsäure freilegen, erkennt man aber ein leicht verkieseltes oder gar kalkiges Fossil auf der Oberfläche eines Kalksteins nur verschwommen, so ist das mildere Ätzen mit Essig günstig, um gelegentlich klarere

Strukturen sichtbar werden zu lassen. Abgerollte Seeigel mit Feuersteinkern, von deren ursprünglicher Gehäuseoberfläche nichts mehr zu erkennen ist, geben nach kräftigem Ätzen oftmals interessante Strukturen und dekorative Muster preis (Abb. S. 76 u. l.).

Ein gut präpariertes Stück zeigt das Fossil so vollständig wie möglich und so dauerhaft wie möglich (lieber etwas unter die Fossilplatte kleben, als sie dem Zerbrechen aussetzen!). Sehr zerbrechliche Fossilien bettet man weich und überdeckt sie mit Glas oder einer durchsichtigen Folie. Zum Schutz vor Staub deckt man die gesamte Schublade mit Folie oder Papier ab.

Wie bewerte ich Fossilien?

Jeder, der unser Büchlein bis hierher gelesen hat, ist überzeugt davon, daß Fossilien etwas wert sind. Das ist sicher richtig, doch es hat auch übertriebene Wertvorstellungen gegeben (und es gibt sie zum Teil noch heute), wie z. B. beim Verkauf der Urvogel-Funde von Solnhofen und Eichstätt im vorigen Jahrhundert. Sicherlich kann man für eine in vielen Jahren zusammengetragene Privatsammlung beim Verkauf an ein Museum auch einen angemessenen Preis verlangen – jedoch die Wissenschaft und die Museen sind vor allem durch Schenkungen so reich an Sammlungsmaterial geworden. Es ist auch etwas Besonderes daran, daß die Arbeit, die ein Sammler begonnen hat, nach Jahrzehnten oder sogar nach einem Jahrhundert von Spezialisten fortgesetzt wird. Mit Hochachtung denkt die Wissenschaft dann an den ersten Sammler zurück, und vielleicht erhält ein neuentdecktes Fossil seinen Namen.

Es gibt Fossilien, die überhaupt nicht zu bezahlen sind; sie existieren nur einmal oder in ganz wenigen Exemplaren.

Selten ist ein Fossil so ästhetisch ansprechend und wissenschaftlich wertvoll zugleich wie das immer wieder abgebildete Berliner Exemplar der Archaeopteryx. Vollständigkeit eines Fossils kommt den Belangen der Darstellung und der Bildung sowie denen der Wissenschaft in höchstem Maße entgegen und vergrößert den Wert. Aber nur ein Teil der wissenschaftlich wertvollen Fossilien eignet sich auch zur Ausstellung. Fossilien sind immer Ausnahmeerscheinungen, und manches, was dem Nichteingeweihten unbedeutend, unschön oder unvollständig erscheint, kann wissenschaftlich von besonderem Wert sein.

Sehr oft wird durch ein bestimmtes Fossil belegt, daß in einer Gegend Schichten des betreffenden geologischen Alters existieren, die man nie dort vermutet hatte – das Fossil erweist sich als biostratigraphisch wertvoll. Über Oberkarbonschichten im Verlaufe des alten variskischen Gebirges weiß man z. B. durch die großen Steinkohlenvorkommen (Zwickau, Ruhr, Saar, französisches Zentralplateau) relativ viel, daß aber auch in Österreich in den Karnischen Alpen (Auernig-Schichten) und bei Villach (Nötsch, Erlachgraben) Westfal- und Stefan-Pflanzenreste solche variskischen Gebirgsbecken beweisen, macht diese Funde biostratigraphisch und regional wertvoll.

Manche Funde sind besonders schön. Die Rückseite unseres Einbandes zeigt die Spitze einer Reticulopteris münsteri, deren Blättchen sich farblich durch Umwandlung in ein bräunliches Toneisenmineral abheben, außerdem ist das Blatt noch von einem hellen Farbschein umgeben. Möglicherweise sind diese Besonderheiten durch Zerfall von Pyritmineralien und Wegtragen jener Teile entstanden.

Verkieselte Hölzer sind immer schön und zudem wertvoll, weil sie Zelle für Zelle die ehemalige anatomische Struktur konserviert haben (Abb. S. 71 u., 72 o., 73). Selten ist der Perlmuttglanz auf Jura-Ammoniten erhalten – eine berühmte Fundstelle befand sich vor Jahrzehnten im Kern des Quedlinburger Sattels (Abb. S. 80 u.).

Berühmt sind die Überzüge von gediegenem Silber bei Kupferschieferfischen. Blüten im Bernstein gehören zu den größten Kostbarkeiten. Immer bestimmt die wissenschaftliche Aussage, die im Fossilfund sichtbar wird, den bleibenden Wert.

Durch einen roten Punkt kennzeichnet der Wissenschaftler im Museum den Fossilfund, der zum Ausgangspunkt der Erkenntnis einer neuen Art oder Gattung wurde. In diesem Sinne sind auf unseren Tafeln einige besonders wertvolle Fossilien abgebildet, Funde, über deren Verbleib die Wissenschaft sorgfältig Buch führt.

Wo berate ich mich?

Fossilien besitzen eine eminent weltanschauliche Bedeutung. Daß es sich dabei um originale Sachzeugen mit einem Alter von 30 Millionen, 150 Millionen, 300 Millionen oder 450 Millionen Jahren handelt (Braunkohlen-, Solnhofen-, Steinkohlenfossilien, Geschiebefossilien des Ordoviziums), ist durch die mehr als hundertjährige Entwicklungslehre für jeden Menschen interessant geworden. Die Schulbücher berichten darüber, und demzufolge sind die Biologie- oder Geographielehrer die ersten Fachleute, bei denen sich ein fossiliensammelnder Schüler beraten kann – auch wenn er die Schule schon lange verlassen haben sollte und einen Beruf ausübt.

Die Wissenschaft von diesen »Resten« wird von Geologen, Paläobotanikern und Paläozoologen vertreten. Für die Geologie sind Angaben, die sich aufgrund von Fossilfunden machen lassen, so wichtig, daß jede Tiefbohrung genau von Spezialisten untersucht wird. Für die Fossilfunde in Übertageaufschlüssen bleibt dadurch aber weniger Zeit, und so wird jeder Geologe und Paläontologe den Meinungsaustausch mit Sammlern begrüßen. Man sollte eine Wissenschaft nie nur nach der Zahl ihrer Vertreter beurteilen (danach hätten Astronomie und Paläontologie besonders wenige Fachvertreter) – je 1 Million Einwohner etwa ist ein Paläontologe an einer Universität, in einem Museum oder in einer geologischen Dienststelle tätig. Daran kann man ermessen, wie wichtig die Erkenntnisse sein können, die durch Sammler-Paläontologen erarbeitet werden.

In größeren Museen gibt es wissenschaftlich geordnete paläontologische Sammlungen und in der Museumsbibliothek die dazugehörige Spezialliteratur. Man würde vergeblich nach einem Allround-Paläontologen suchen; das Wissensgebiet ist so groß, daß man Paläobotaniker und Paläozoologen unterscheidet, und diese wiederum haben sich auf bestimmte Gebiete spezialisiert.

Auf Tagungen und Exkursionen der geologischen Gesellschaft eines Landes treffen Geologen und Paläontologen jährlich zusammen. Zwischen den Paläontologen der verschiedenen Städte und Staaten herrscht ein reger Meinungsaustausch. Ein Briefwechsel mit Fachkollegen aus 10 bis 20 Ländern ist üblich, denn es gilt ja, neue Erkenntnisse und Vermutungen zu vergleichen und auch sehr oft die diffizile Bestimmung eines seltenen Fundes an Hand des Originals, das in Prag, Berlin, Wien, Moskau, London oder Paris liegt, zu überprüfen. Häufig muß auch alte Literatur herangezogen werden, in der die Originale erstmals abgebildet zu finden sind, diese Werke sind selten und kostbar.

Ein Kontakt des Sammlers zu diesen Fachvertretern ist immer anzustreben, wenn wirklich wertvolle Funde der Fachwelt bekannt gemacht werden sollen oder vor dem Untergang zu retten sind: Der Bau von Straßen und Rohrleitungen in gebirgigen Gegenden und der Abbau von Gesteinen in Steinbrüchen kann Funde und geologische Profile erschließen, die zum nationalen Reichtum eines Landes gehören.

Es wäre zuviel für dieses Bändchen, alle die Bücher aufzuzählen, die ein Fossiliensammler zur Hand nehmen sollte, doch drei Beispiele mögen für viele sprechen und den Anfang markieren:
»Geologie für jedermann« von Prof. Dr. Kurd v. Bülow,
»Leben in der Urzeit« von Prof. Dr. Zdenek Špinar und Prof. Zdenek Burian,
»Die Entwicklungsgeschichte der Erde – Brockhaus Nachschlagewerk Geologie«.

Was tue ich mit einem seltenen Fund?

Es ist gar nicht ausgeschlossen, daß ein Hobby-Sammler eine Seltenheit – vielleicht eine bisher unbekannte Art eines fossilen Tieres oder einer fossilen Pflanze – findet. Unter Umständen kann dies eine entwicklungsgeschichtliche Sensation sein (Abb. S. 54 o., S. 54 u. r.) – z. B. das Blatt eines steinkohlenzeitlichen Samenfarns mit noch daran hängenden Samen, ein Ammonit mit erhaltenem Weichkörper (Abdruck der Fangarme) oder gar der siebente Fund eines Urvogels (Archaeopteryx lithographica), vielleicht diesmal noch kleiner als alle bisherigen Exemplare? Auch der Fund einer einzelnen fossilen Feder in Oberjuraschichten weit entfernt von Solnhofen/Eichstätt wäre eine Sensation.

Seinen Wert erhält der Fund nicht dadurch, daß er jahrelang verborgen in irgendeinem Schrank versteckt liegt, sondern durch die Bekanntgabe in einer international gelesenen Fachzeitschrift, durch das, was er der Wissenschaft

Im **Museum für Naturkunde an der Humboldt-Universität, Berlin,** wird das besterhaltene Exemplar des oberjurassischen Urvogels Archaeopteryx lithographica aufbewahrt. Sehenswert sind auch das größte bisher geborgene Skelett eines Dinosauriers (Brachiosaurus brancai) und die reichhaltigste paläobotanische Sammlung in Mitteleuropa.

Die Barrande-Sammlung des **National-Museums in Prag** enthält einzigartige kambrische und ordovizische Trilobiten, und die paläobotanische Sammlung hat neben devonzeitlichen Urlandpflanzen auch zahllose Originale von Kaspar v. Sternberg, einem Begründer der Paläobotanik und des Prager National-Museums (1820), zu zeigen.

Das **Naturhistorische Museum in Wien** bewahrt in seiner Geologisch-Paläontologischen Abteilung fossile Pflanzen aller Formationen, Skelette fossiler Reptilien (Dinosaurier, Pterosaurier, Meeresreptilien) und die weltberühmte Molluskenfauna des Wiener Beckens.

Das **Stadtmuseum Linz** und das **Landesmuseum in Graz** enthalten für Spezialisten der Paläontologie reichhaltige Sammlungen.

Das **Natur-Museum Senckenberg in Frankfurt (Main)** präsentiert eine sehenswerte Sammlung von liassischen Ichthyosauriern und unter- und mitteldevonischen Urlandpflanzen (Psilophyten).

Daß in **Solnhofen und Eichstätt** die Museen eine beachtenswerte Sammlung Solnhofener und Eichstätter Fossilien aus dem Lithographenkalk des Oberjuras bewahren – darunter den nunmehr sechsten Fund der Archaeopteryx – versteht sich aus der Berühmtheit dieser Fundstätte.

Für jeden sind die Schriften, Abhandlungen und Museumsführer dieser Einrichtungen lesenswert. Gern wird man an diesen Stätten dem Fossiliensammler auch weitere Hinweise auf Museen und Sammlungen geben, für deren Aufzählung der Platz hier nicht ausreicht.

Erdgeschichtliche Zeittafel

Zeitalter	Geologische Systeme, Abteilungen und Stufen		Vor ... Mio. Jahren	Fossilführende Gesteine
Erdneuzeit Känozoikum	Quartär	Holozän Pleistozän	2	Geschiebe, Travertin, Löß
	Tertiär	Pliozän · Miozän Oligozän Eozän Paläozän	65	Sande, Tone, Braunkohlenflöze, Schneckenkalke
Erdmittelalter Mesozoikum	Kreide	Dan · Maastricht Campan · Santon Coniac · Turon Cenoman Alb · Apt · Barrême Hauterive · Valendis	136	Kreide mit Feuerstein, Quadersandstein, Mergelbänke Eisenerzbänke, Wealdenkohle
	Jura	Malm Dogger Lias	195	Schwammriffe, Plattenkalk, Cephalopodenkalk, Eisenerzbänke, Tone mit Geoden
	Trias	Keuper Muschelkalk Buntsandstein	225	kleine Kohlenflöze, Sandsteine, Muschelkalk, Cephalopodenkalke, Algenriffe
Erdaltertum Paläozoikum	Perm	Zechstein Rotliegendes	280	Bryozoen-Algen-Riffe, Kupferschiefer, Schiefertone, Steinkohlenflöze
	Karbon	Stefan Westfal A, B, C, D Namur A, B, C Visé · Tournai	345	Steinkohlenflöze, Grauwacken, Kohlenkalk, Dachschiefer
	Devon	Oberdevon Mitteldevon Unterdevon	395	Cephalopodenkalk, Ostrakodenschiefer, Korallenriffe, Tonschiefer
	Silur	Downton · Ludlow Wenlock · Valent	440	Algen-Korallen-Riffe, Plattenkalk, Graptolithenschiefer
	Ordovizium	Ashgill · Caradoc Llandeilo · Llanvirn Arenig · Tremadoc	500	Graptolithenschiefer, Orthocerenkalk, Algenkalk, Schiefer
	Kambrium	Oberkambrium Mittelkambrium Unterkambrium	570	Trilobitenschiefer und -kalke, Sandstein
Kryptozoikum oder Präkambrium			4500	

Überblick über die Entwicklung der Pflanzen

Vor 1,5–2 Millionen Jahren: Beginn des Pleistozäns: Vereisungszeiten (Vergletscherung) in den gemäßigten Breiten und Regenzeiten (Pluvial) in den wärmeren Breiten (Subtropen und Tropen). Nach dem Pleistozän Ausprägung der gemäßigten Klimazonen mit ihrer Vegetation (Holarktisches Florenreich), Reliktareale, Disjunktionen.

Vor 30 Millionen Jahren: Oligozän: Entstehung von Steppen, Savannen und Wiesen als Formationen.

Vor 65 Millionen Jahren: Beginn des Tertiärs: Älteste Mangrove-Formation.

Vor 106 Millionen Jahren: Alb-Stufe = oberste Unterkreide: Erstes Auftreten von Angiospermen. Gleichzeitig Bennettiteen mit zwittrigen Blüten. Ausbreitung der modernen Koniferengattungen (Pinus, Sciadopitys, Metasequoia u. a.).

Vor 200 Millionen Jahren: Rät = oberste Trias: Farne mit Maschennervatur. Bennettiteen mit getrenntgeschlechtlichen Blüten, auch Blütenstände komplizierter Zwitterblüten. Cycadeen. Caytoniales mit »Fruchtknoten«. Koniferen. Ginkgo-Arten.

Vor 280 Millionen Jahren: Beginn des Perms: Reduktion der Entwicklungsvielfalt der Samenfarne (Pteridospermen), Lycophyta, Sphenophyta und Farne. Erstes Auftreten von Ginkgo- und Cycasartigen.

Vor 290 Millionen Jahren: Stefan = oberstes Oberkarbon: Erste Nadelbäume. Ausgeprägte Gliederung in 4 Florenreiche. Vereisungszeiten auf dem Süd-Kontinent der Erde und Glossopteris mit »Bedecktsamigkeit« und zwittrigen »Blüten«.

Vor 310 Millionen Jahren: Westfal A–D = mittleres Oberkarbon: Zum ersten Mal eine Maschennervatur, bei den Samenfarngattungen Linopteris, Lonchopteris, Reticulopteris, Palaeoweichselia.

Vor 335 Millionen Jahren: Visé = oberes Unterkarbon: Fruchtknotenartige Triebe mit mehreren Samenanlagen bei Samenfarnen.

Vor 345 Millionen Jahren: Beginn des Karbons: Erstmalig Samenfarne (mit Samenanlagen). Farne, Lycophyta und Sphenophyta in Entwicklungsvielfalt.

Vor 359 Millionen Jahren: Beginn des oberen Devons: Erstmalig Bäume mit Stämmen und Dickenwachstum. Erstmalig großflächige Blätter (mit Fächernervatur). Heterosporie. Lycophyta, Pterophyta und Sphenophyta haben sich als Taxa voneinander differenziert.

Vor 370 Millionen Jahren: Beginn des mittleren Devons: Urlandpflanzen (Psilophyten) mit Heterosporie und Ansätzen zu blattartigen Bildungen.

Vor 400 Millionen Jahren: Downton = oberste Silurstufe = Übergangsschichten zum Unterdevon: Erste Landpflanzen (Psilophyten).

Vor 450 Millionen Jahren: Ordovizium: Weit verbreitet hochentwickelte Kalkalgen (Dasycladaceen) als Gesteinsbildner.

Vor 570–500 Millionen Jahren: Dauer des Kambriums: Kohlig erhaltene blattähnliche und achsenähnliche Reste (Algen).

Vor 1–0,6 Milliarden Jahren: Ediacara-Fauna. Ältester Nachweis von mehrzelligen Tieren (Anneliden, Arthropoden, Coelenteraten).

Vor 1,8–1,45 Milliarden Jahren: Ältester »roter Sandstein«, d. h. erstmalig eine Atmosphäre mit einem Sauerstoffüberschuß.

Vor 2 Milliarden Jahren: Älteste Fadenalgen, Chlorophyllderivate. Beginn einer Anreicherung von Sauerstoff in der Erdatmosphäre.

Vor 3,2 Milliarden Jahren: Nachweis erster, somit ältester einzelliger Organismen und Chlorophyllderivate (Pristan, Phytan).

Vor 4,5 Milliarden Jahren: Älteste Gesteine einer festen Erdkruste.

Überblick über die Entwicklung der Tiere

A = Erscheinen, B = Aufblühen, M = Maximum,
Z = Einschnitt, O = Erlöschen

Vor 8000 Jahren: Erlöschen zahlreicher Säugerarten am Ende der Eiszeit.

Vor 3 Millionen Jahren: Erstes Auftreten von Menschen.

Vor 25 Millionen Jahren: Differenzierung in Wald- und Savannenbewohner, z. B. bei Pferden und Primaten.

Vor 50 Millionen Jahren: Großforaminiferen (Nummuliten M), Coccosphaeren M; alle heutigen Säugerordnungen vertreten; schon heutige Insekten-Gattungen.

Vor 55–15 Millionen Jahren: Aufblühen vieler Tiergruppen: Flagellaten, Foraminiferen, Schnecken, Tintenfische, Fische (Teleosteer), Haie; Insekten, Vögel, Schlangen, Säuger.

Vor 65–10 Millionen Jahren: Verstärkte evolutionäre Expansion des Lebens. Eindringen in frei gewordene und neu entstandene Lebensräume, z. B. Bildung neuer Pflanzenformationen und ihre Besiedlung durch Tiere. Ausbreitung über die Erde in Abhängigkeit von Kontinentaldrift, Gebirgsbildung und Klimaverschärfung. Entwicklung der heute bekannten ökologischen Zusammenhänge (Nahrungsketten).

Vor 65 Millionen Jahren: Scharfer selektiver Schnitt in der Entwicklung der Tiere, auf dem Lande wie im Meer. Zusammenbruch von Nahrungsketten. Flagellaten Z, planktonische Foraminiferen Z, Schwämme Z, Steinkorallen Z, Muscheln Z (Rudisten O, Inoceramen O), Nerineen O, Ammoniten O, Belemniten O, Eidechsen Z, Saurier O.

Vor 100–70 Millionen Jahren: Die klimawirksame erdweite Meerestransgression der Oberkreide führt zur Blüte von Gruppen der Meerestiere ebenso wie zum Maximum der Reptilien. Neben den Beuteltieren erscheinen die plazentalen Säuger als Insektenfresser. Planktonische Foraminiferen und die Coccolithen produzierenden Coccosphaeren treten nun massenhaft auf und bewirken eine Kalksedimentation auch in der Tiefsee. Unter den echten Knochenfischen (Teleosteer) entwickeln sich Schwarmfische (Plankton-Nahrung). Muscheln mit korallinem Wuchs bauen die Rudistenriffe. Korallenriffe. Kieselschwämme M, Moostiere B (Cyclostomata M), Muscheln M (Inoceramen M), Ammoniten B (Riesenformen), Schnecken B, irreguläre Seeigel B, Saurier M, Eidechsen M, Zahnvögel.

Vor 105 Millionen Jahren: Kreide-Ammoniten: Höhepunkt während der Alb-Transgression.

Vor 115 Millionen Jahren: Korallenriffe des Urgon; erste Schlangen.

Vor 140 Millionen Jahren: Sich gegenseitig vertretende Korallenriffe und Schwammriffe. Riffbewohnende Turmschnecken (Nerineen M).

Vor 150 Millionen Jahren: Urvogel. Saurier B (Riesensaurier). Knochenfische (Holosteer M, Teleosteer A).

Vor 160–135 Millionen Jahren: Zunehmend wärmeres Erdklima. Mit Trigonia, Pleurotomaria, Limulus, Hexanchus, den Quastenflossern und den Brückenechsen sind Formen vertreten, die sich von ihren heutigen Nachfahren kaum unterscheiden.

Vor 170 Millionen Jahren: Dogger-Transgression. Schnecken und Seeigel (Irregularia) beginnen Schlammgründe zu besiedeln. Jura-Ammoniten M, echte Frösche A.

Vor 180 Millionen Jahren: Alle heutigen Insektenordnungen vertreten. Echte Flugsaurier A.

Vor 195 Millionen Jahren: Ammoniten Z, Conodonten O, Säugerreptilien O.

Vor 200 Millionen Jahren: Erste echte Korallenriffe; Neoammoniten A; Schildkröten A, Krokodile A, fliegende Saurier A, Ursäuger A.

Vor 210 Millionen Jahren: Mesoammoniten M, echte Steinkorallen A, Urschmetterlinge A, Dinosaurier A, Ureidechsen A, Stammreptilien O.

Vor 220 Millionen Jahren: Tetrakorallen O, rapide Entfaltung der Mesoammoniten und der jüngeren Knorpelganoiden. Urfrösche A, Fischsaurier A.

Vor 225 Millionen Jahren: Scharfer Faunenschnitt zwischen Paläozoikum und Mesozoikum. Foraminiferen Z, Bödenkorallen Z, Tetrakorallen Z, Moostiere Z, Armfüßer Z, Stachelhäuter Z, Fische Z, Säugerreptilien Z.

Vor 240 Millionen Jahren: Trilobiten O, Säugerreptilien Z.

Vor 280–225 Millionen Jahren: Bryozoen-Algen-Riffe. Koralliner Wuchs bei Armfüßern. Verschärfte Klimagegensätze. Trockenheitsanpassungen: Puppenstadien bei Insekten, Reptilieneier. – Differenzierung und Umgestaltung der Insekten: Käfer A, Netzflügler A.

Vor 310 Millionen Jahren: Mesoammoniten A, Belemniten-Vorläufer A. Muscheln und Schnecken dringen ins Süßwasser vor. Riesige Urinsekten, Schaben. Ältere Säugerreptilien A, Panzerlurche M.

Vor 320 Millionen Jahren: Stammreptilien A.

Vor 320–225 Millionen Jahren: Großforaminiferen (Fusulinen).

Vor 345–300 Millionen Jahren: Evolutionäre Expansion der Meerestiere. Entwicklung von Achsialstrukturen bei Tetrakorallen. Weit verbreitet Korallenriffe. Aufblühen der Moostiere, Armfüßer, Weichtiere, Seelilien, Knorpelganoiden (ursprüngliche Strahlenflosser).

Vor 345 Millionen Jahren: Faunenschnitt bei Korallen, Ammonoideen, Trilobiten, Fischen.

Vor 350 Millionen Jahren: Urlurch Ichthyostega. Geflügelte Urinsekten A. Aufblühen der agglutinierenden Foraminiferen.

Vor 353 Millionen Jahren: Faunenschnitt: Absterben der Riffe, Niedergang der Trilobiten. Armfüßer Z, Tentakuliten O, Urhaie A.

Vor 370–353 Millionen Jahren: Erdweite Meeresfaunen. Korallen-Stromatoporen-Riffe. Tetrakorallen überflügeln Bödenkorallen. Stromatoporen M. Knochenfische erscheinen als Strahlenflosser, Lungenfische und Quastenflosser. Das Devon ist die Zeit der Fische.

Vor 370 Millionen Jahren: Erste flügellose Insekten und Milben.

Vor 380 Millionen Jahren: Ende der Graptolithoideen. Erste Altammoniten.

Vor 410–370 Millionen Jahren: Verstärkter Faunenprovinzialismus im Gefolge der kaledonischen Gebirgsbildung. Armfüßer M, erste Massenvorkommen pelagischer Tentakuliten. Entwicklung des Unterkiefers der Wirbeltiere (Panzerfische).

Vor 415 Millionen Jahren: Wasserskorpione, Tausendfüßer A, Gigantostraken B.

Vor 440–410 Millionen Jahren: Besiedlung des Süßwassers durch Fische (Kieferlose M). Intensive Besiedlung warmer Flachmeere durch erdweite Faunen. Verbreitet Riffe aus Stromatoporen, Algen, Bödenkorallen und Tetrakorallen.

Vor 440 Millionen Jahren: Faunenschnitt an der Ordoviz/Silur-Grenze bei Trilobiten, Armfüßern, Bödenkorallen, Graptolithen und Conodonten.

Vor 445 Millionen Jahren: Als differenziertester Meeresbiotop treten die ersten Riffe auf. Bödenkorallen M, Helioliten M.

Vor 500–445 Millionen Jahren: Fortschreitende Differenzierung der Meeresfaunen nach erdweiter Transgression im Tremadoc. Zunehmend Kalk als Skelett- und Schalensubstanz. Provinzialismus. Sahara-Vereisung (Lage des Südpols). – Kieselschwämme B, Armfüßer B (Orthiden), Nautiloideen M, Tetrakorallen A, Beutelstrahler M, Graptolithen M, kieferlose Fische A.

Vor 500 Millionen Jahren: Scharfer Faunenschnitt; besonders an den häufigsten Fossilien des Kambriums, den Trilobiten, zu erkennen.

Vor 515 Millionen Jahren: Alle großen Tiergruppen mit fossilisationsfähigen organischen Resten sind im Oberkambrium vertreten, bis auf die Wirbeltiere. – Foraminiferen A, Stromatoporen A, Bödenkorallen A, Muscheln A, Nautiloideen A, frei bewegliche Stachelhäuter A, Graptolithen A, Conodonten A.

Vor 540 Millionen Jahren: Erste Faunenprovinzen (Trilobiten).

Vor 570–540 Millionen Jahren: Urbecher AMO, Monoplacophoren A, Urschnecken A, Nautiloideen? (Volborthella), Onychophoren A (Xenusion), Krebse A, Muschelkrebse A, Trilobiten A, gestiefelte Stachelhäuter A.

Vor 570–500 Millionen Jahren: Viele Tiergruppen treten im Kambrium erstmals mit größeren, gepanzerten Bodenbewohnern in Erscheinung. Als Baustoffe der stützenden und schützenden Strukturen dienen vorzugsweise chitinartige organische Bildungen und Phosphate. Wichtige Ausnahme: Urbecher (Archaeocyathiden, bilden Rasenriffe). Bemerkenswerte Differenzierung bei den Gliedertieren; im allgemeinen aber ursprünglicher, wenig differenzierter Faunencharakter. – Zunehmende Besiedlung der Meeresböden.

Vor etwa 600 Millionen Jahren: Armfüßer A, Einzeller.

Vor etwa 700 Millionen Jahren: Ediacara-Fauna: Medusen, Anneliden, Petalonamae (Metazoen ursprünglichen Charakters, mit den späteren Tierstämmen nur andeutungsweise vergleichbar). Tiere hinterlassen zunehmend Spuren auf und im Meeresboden (z. B. Skolithen).

Vor etwa 1 Milliarde Jahren: Meiose bei Grünalgen belegt; geschlechtliche Vermehrung und Generationswechsel (Bitter-Springs-Formation). Metazoen? (Belt-Formation).

Abbildungs- und Texthinweise

S. 49: **Xenusion auerswaldae**
Geschiebe des Unterkambriums;
Sewekow (DDR)

Das rätselhafte Fossil von Sewekow, einem Dorf südlich der Müritz, ist bisher seltener gefunden worden als der Urvogel. Nur zwei weitere, noch bruchstückhaftere Funde wurden bekannt. Es handelt sich um den Rückenabdruck eines Gliedertieres, dem leider das Kopfende fehlt. Der wurmartige Körper war geringelt, jedes Segment trug auf dem Rücken ein Paar Buckelwarzen und seitlich ein Paar geringelte Stummelfüße. Diese Merkmale erinnern zwar an die heutigen Stummelfüßer der Tropen, aber Xenusion war ein Meerestier.

Dieses Fossil verdient besonderes entwicklungsgeschichtliches Interesse als bisher ältester Vertreter eines Formenkreises, der zwischen den Ringelwürmern und den Gliederfüßern vermittelt. Xenusion ist Dokument einer Zeitenwende, die etwa 600 Millionen Jahre zurückliegt. Sie ist dadurch bestimmt, daß die Zeit einer seltenen Fossilüberlieferung einer Zeit reichlicherer Dokumentation wich. Für Mitteleuropa ist Xenusion neben winzigen Weichtierschalen das älteste Körperfossil.

Die Möglichkeit vollständigerer Funde, die das Rätsel lösen helfen, ist durchaus gegeben. Als Fundgestein kommen die charakteristischen braunviolett gebänderten Quarzitgeschiebe in Frage, die ihren Ursprung wahrscheinlich im Gebiet des Kalmarsundes an der schwedischen Ostküste haben. Bei uns aber sind sie unter den Geschieben des Flachlandes weit verbreitet, und sicher liegen auf den Schichtflächen dieser Steine noch weitere Fossilien von Xenusion im Schutt der ehemaligen Inlandgletscher verborgen.

S. 51 oben: **Paradoxides spinosus**
Mittelkambrium; Barrandium südlich von Prag (ČSSR)

Leitfossilgattung des Mittelkambriums. Abdruck des Rückenpanzers; der Kopf fehlt. Der Rumpf ist sehr scharf in Spindel und Seitenteile geschieden und besteht aus zahlreichen Segmenten, während der Schwanzschild winzig erscheint. Das sind ursprüngliche Merkmale, in denen gleichsam die genetische Erinnerung an die wahrscheinlich den Ringelwürmern ähnlichen Ahnen zum Ausdruck kommt. – Im Kambrium waren die Trilobiten die wichtigste Tiergruppe; etwa 60 % aller fossilen Arten jener Zeit gehören zu ihnen.

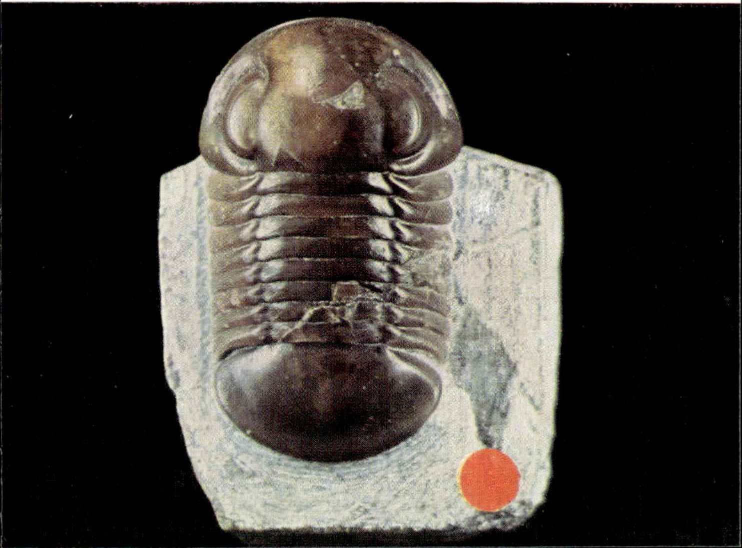

S. 51 unten: **Nileus platys**
Ordoviz, Caradoc, Geschiebe; Saßnitz (DDR). Holotyp, Original zu SCHRANK 1972; Sammlung Krueger.

Mit großer Sorgfalt wurde dieser vollständig erhaltene Trilobitenpanzer einer erst jüngst beschriebenen Art präpariert. Es ist der Holotypus, das bei der Erstbeschreibung einer neu aufgefundenen Art zu ihrem alleinigen Richtmaß erklärte Exemplar. Keinerlei Segmentierung auf Kopf und Schwanz, bemerkenswert große Augen und ein vollendetes Einrollungsvermögen sind Kennzeichen der Gattung. Die Herausbildung des Einrollungsvermögens als Schutzfunktion wurde für die Trilobiten in den schon sehr belebten Flachmeeren des Ordoviziums zu einer entscheidenden Notwendigkeit.

S. 53 oben: **Megistaspis gigas**
Ordoviz, Llanvirn, Geschiebe; Finowfurt (DDR). Coll. Remelé.

Großwüchsiger Trilobit aus der Familie Asaphidae, die in den Orthocerenkalk-Geschieben so häufig vertreten ist. Leitfossil der Gigas-Zone im oberen Vaginatenkalk von Öland (Schweden), dem Heimatgebiet dieser eiszeitlichen Geschiebe. Steinkern eines Schwanzschildes. Die Wende vom Kambrium zum Ordovizium stellt den wichtigsten Einschnitt in der Stammesgeschichte der Trilobiten dar. Die Mehrzahl der an Faulschlammsedimente gebundenen Formenkreise erlosch; dafür wurde das kalksandige, gut durchlüftete Flachmeer als neuer Lebensraum erobert.

S. 53 unten: **Dalmanitina sozialis, Onnia ornata**
Ordoviz, Caradoc; Barrandium südlich von Prag (ČSSR)

Trilobiten (Dreilapper) sind eine erloschene paläozoische Klasse der Gliederfüßer. Sie besaßen einen Chitinpanzer und mußten sich während des Wachstums wiederholt häuten, so daß fossile Panzerteile überwiegend getrennt vorkommen. Die Abbildungen zeigen gewöhnliche Steinkernfunde des Kopf- und Schwanzschildes der Gattung Dalmanitina sowie eines mit breitem Siebrand gesäumten Cephalons der Gattung Onnia. Während auf dem starren Schwanzschild von Dalmanitina die Rumpfsegmentierung charakteristisch weitergeführt wird, ist sie auf der Glatze zwischen den beiden betonten Augenhügeln nur noch angedeutet. Auf dem Kopf der blinden, im Schlamm wühlenden Onnia vermißt man die ursprüngliche Segmentierung völlig.

S. 54 oben: **Delthyris sp., Fenestella sp.** und mindestens fünf weitere Bryozoenarten
Silur, Geschiebe; Gräfenhainichen (DDR)

Vor uns liegt ein Stück Meeresboden des Silurmeeres, überschüttet mit zahllosen Trümmern von Bryozoenstöckchen, dazwischen Brachiopodenklappen. Moostierchen und Armfüßer sind nahe verwandte Tiergruppen, sie gehören beide zu den Kranzfühlern. Während die einen als winzige Tierchen in Kolonien hausen und noch heute mannigfaltige, grazile Stöckchen bauen, leben die anderen als größere Einzelwesen, ähnlich den Muscheln von zwei Klappen geschützt. Neben verzweigten Asttypen erkennen wir unter den Trümmern der Bryozoenstöckchen in erster Linie die gitterförmigen Bauten der Fenestellen, wie sie im allgemeinen mehr aus den Zechsteinriffen und dem Karbon bekannt sind.

Das schöne Naturpräparat wurde erst kürzlich von einem jugendlichen Sammler ins Museum gegeben.

S. 54 unten links: **Rensselaeria crassicosta**
Devon, oberes Siegen; Hoffnungsthal bei Köln (BRD)

Unsere Abbildung zeigt den seitlich zusammengedrückten Steinkern eines unterdevonischen Armfüßers. Oben sehen wir den Ausguß der Armklappe, unten den der Stielklappe mit dem vorspringenden Wirbel. Die Einschnitte rühren von inneren Stützelementen der Klappen her (Zahnstützen, Medianseptum).

Die Armfüßer spielten im Paläozoikum eine bedeutende Rolle, die jedoch im Mesozoikum zunehmend von den Muscheln übernommen wurde.

S. 54 unten rechts: **»Orthoceras« sp.**
Silur, Geschiebe; Ahrenshoop (DDR)

Die Erhaltung von Farbmustern auf Weichtierschalen gehört bei paläozoischen Fossilien zu den Seltenheiten: Um so bemerkenswerter ist der hier vorgestellte Geschiebefund durch einen Laiensammler; es handelt sich um einen Teil der Wohnkammer eines orthoceratiden Kopffüßers. Neben einer Längsriefung ist auf der Schale fleckenweise eine bräunliche Längsstreifung zu erkennen. Die Zeichnung ist eindeutig, wenn sich auch der Farbwert in den 400 Millionen Jahren verändert haben mag. Zu erklären wäre dieser Erhaltungszustand dadurch, daß die Wohnkammer des Kopffüßers nach seinem Tode sehr schnell von einer einschichtigen Bryozoen-Kolonie überwuchert wurde, wobei das Periostrakum samt den Farbpigmenten eingemauert worden ist.

S. 55: **Nautiloideen**

Die näheren Verwandten von Nautilus, dem einzigen heute noch existierenden gehäusetragenden Kopffüßer, beherrschten im Altpaläozoikum die Meere. Sie sind die Stammgruppe der Belemniten und der modernen Tintenfische ebenso wie der Ammoniten. Neben den recht häufigen gerade gestreckten Nautiloideen (Orthoceren und Endoceren) gab es im Paläozoikum auch mehr oder weniger eingerollte Gehäuse, wie z. B. bei den Tarphyceren, die hier in vier ordovizischen Gattungen aus Geschieben vorgestellt werden. Man hat diese Beispiele früher benutzt, um zu zeigen, daß sich die Gehäuse der Nautiloideen in der Stammesentwicklung schrittweise eingerollt hätten. Heute werden die Beziehungen dieser Gattungen im umgekehrten Sinne verstanden. Voll eingerollte Formen gehören dem ursprünglichen und dann konservativen Ast der Tarphyceren an, während sich die anderen hiervon als sekundär entrollt ableiten lassen.

S. 55 oben: **Trocholites sp.**
Ordoviz, Llandeilo, Geschiebe; Parchim (DDR)

Vollständig eingerolltes Gehäuse. Steinkern.

S. 55 unten: **Lituites tenuicaulis**
Ordoviz, Llandeilo; Geschiebe; Oderberg (DDR). Original zu REMELE 1889.

Landläufig als Bischofsstab bezeichnete Form mit größerer Anfangsspirale und gestrecktem Endteil. Steinkern.

S. 55 rechts: **Rhynchorthoceras angelini virgata**
Ordoviz, Llanvirn, Geschiebe; Finowfurt (DDR). Original zu REMELE 1889.

Eine Gattung mit vollständig entrolltem Gehäuse. Teilweise erhaltene Schale mit Zuwachsstreifung.

Ancistroceras undulatum
Ordoviz, Llandeilo, Geschiebe; Groß Zicker auf Rügen (DDR)

Eine der vorigen eng verwandte Gattung mit kleiner Anfangsspirale und rasch zunehmendem Gehäusedurchmesser. Schale mit Zuwachsstreifen.

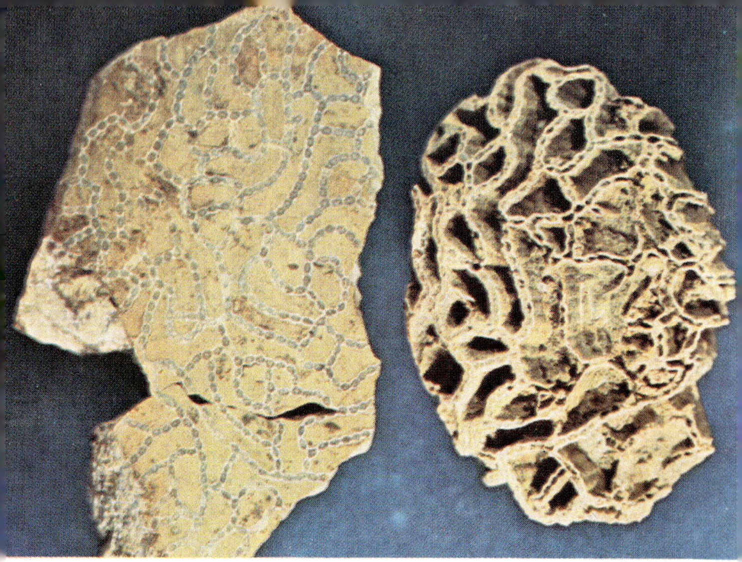

S. 58 oben: **Halysites catenularia**
Silur, Geschiebe; Herkunft unbekannt

Die Stöcke dieser Bödenkoralle fallen uns gelegentlich durch Kettenmuster ins Auge, wenn wir die Oberfläche von Kalkgeschieben betrachten. Aber erst an einem lackierten Schnitt wird besonders deutlich, warum diese Stöcke als »Kettenkorallen« bezeichnet werden.

S. 58 unten: **Pleurodictyum problematicum**
Devon, Unterems; Daun, Eifel (BRD)

Angesichts dieses Korallenstockes wird man unwillkürlich an das Ebenmaß eines gotischen Rosettenfensters erinnert. In den feinsandigen, rostbraun verwitternden Schiefergesteinen der Eifel liegen die Fossilien für gewöhnlich als Negative vor, wie das auch bei unserem Stück der Fall ist. Diese Art unterdevonischer Bödenkorallen hatte oft einen Wurm zum Untermieter. Wände und Böden wurden aufgelöst, nachdem das Innere, die Wandporen und der zentral gelegene Bohrgang des Wurmes mit Sediment ausgefüllt worden waren.

S. 59 oben: **Encrinaster roemeri**
Devon, oberes Siegen; Bundenbach (BRD). Original zu KÖNIGSWALD 1936.

Der verkieste Schlangenstern aus dem Dachschiefer von Bundenbach (BRD) stammt von einem klassischen Fundpunkt für unterdevonische Stachelhäuter, Gliederfüßer und Fische. Allein von den See- und Schlangensternen sowie den grazilen Seelilien sind jeweils etwa 50 Arten bekannt gemacht worden.

S. 59 unten: **Clymenia striata, Imitoceras sp.**
Oberdevon V; Saalfeld (DDR)

Die drei roten Knollen vom Bohlen bei Saalfeld sind kennzeichnend für einen verbreiteten Erhaltungszustand paläozoischer Ammonoideen-Gehäuse. Bei der disproportionalen Kalkanreicherung im tonigen Sediment wurden die Gehäuse häufig zum Mittelpunkt der Kalkausscheidung. Gelegentlich wuchsen die Kalkknollen nicht über das Gehäuselumen hinaus.

Schon unter dem Verwitterungseinfluß der permischen Landoberfläche wurden die devonischen Schichten bei Saalfeld erstmals sekundär gerötet, nachdem sie samt ihrem Fossilinhalt beim vorausgegangenen Faltungsprozeß deformiert worden waren.

S. 61: **Monograptus spiralis** **Monograptus turriculatus**
Silur; Stolzenberg (DDR) Silur; Hohenleuben (DDR)

In den Graptolithenschiefern Thüringens sind die Äste (Rhabdosome) der Graptolithen infolge Schieferung extrem ausgewalzt und substantiell umgewandelt. Dagegen liegen die Rhabdosome der schon in unterdevonischer Zeit ausgestorbenen Graptolithen in den eiszeitlichen Geschieben des »grünlichgrauen Graptolithengesteins« aus dem Ostseeraum in ursprünglicher Körpergestalt vor.

Beide Gesteine mit Graptolithen sind jedoch gleichaltrig. Im Silurmeer wurden sie als Faulschlammbildungen der Hochsee oder als Kalkmergelschlamm in einem küstennäheren Bereich abgelagert. Die treibenden Rhabdosome traten in großen Mengen auf und wurden in den Meeren weit verbreitet. Da die Graptolithen überdies einer raschen Stammesentwicklung unterlagen, sind sie die wichtigsten Leitfossilien der ordovizischen, silurischen und frühunterdevonischen Ablagerungen. In diesem etwa 100 Millionen Jahre überspannenden Zeitraum unterscheidet man etwa 80 Graptolithenzonen und -subzonen.

Unter den für das Silur kennzeichnenden Monograpten finden wir neben den häufigsten Arten mit gerade gestreckten Ästen auch manche mit spiraligen Rhabdosomen als einer besonderen Anpassung an ihre schwebende Lebensweise. In rotierender Bewegung konnten sie das Nahrungsangebot besser nutzen.

S. 62 oben links: **Coelosphaeridium cyclocrinophilum**
Ordovizium; Schünow bei Zossen (DDR) 2/1

Kalkbildende Grünalge von kugeliger Form (etwa 1 cm Durchmesser), bestehend aus einem birnenförmigen Stiel und radial abgehenden zahlreichen Seitenstielchen. Diese Kalkalge ist häufig im Backsteinkalk in eiszeitlichen Geschieben an der Ost- und Nordseeküste und in Kiesgruben zu finden.

S. 62 oben rechts: **Taeniocrada decheniana**
Unterdevon; Hochhausen/Nassau (BRD)

Diese tangartig anmutenden Triebe gehören zu den urtümlichsten Landpflanzen. Als Mittelstrang ist ein dünnes Bündel von Tracheiden zu erkennen – es diente der Festigung und der Wasserleitung. Möglicherweise lebte diese Nacktpflanze (Psilophyt) noch im Wasser, vielleicht besiedelte sie aber auch zeitweilig schon Ufersäume von küstennahen Süßwasserzuflüssen.

Massenhaft ist sie in den oberer Siegener Schichten bei Eiserfeld (BRD) zu finden.

S. 62 unten: **Calamophyton primaevum**
Mitteldevon; Gräfrath bei Solingen (BRD)

Kleine, aber auch vier- bis fünfmal größere Reste dieser ersten Bäume wurden in der Nähe von Gräfrath bei Solingen (BRD) gefunden – hier ein Original von Prof. Dr. Kräusel und Prof. Dr. Weyland (1929), gekennzeichnet durch einen roten Punkt. Weitere Funde stammen aus Elberfeld und Lindlar (BRD) und aus Goé im östlichen Belgien. Sofern die Anhangsorgane (Blättchen) gefunden werden, sind dies dünne, aufgabelnde Fäden von 1–2 cm Länge, manchmal mit endständigen Sporangienpaaren. Der Stammaufbau ist farnartig.

S. 63 oben links: **Sphenopteridium dissectum**
Unterkarbon; großes innervariskisches Sedimentationsbecken im Südwesten der VR Polen

Charakteristisch für dieses Samenfarnblatt sind die lappenartig aufgliedernden länglichrunden Blättchen von etwa 2 cm Länge und 1 cm Breite mit Fächernervatur. Die Achse zeigt in der Rindenschicht liegende Quermale. Vollständig erhaltene Wedel sind wie eine Stimmgabel verzweigt.

S. 63 oben rechts: **Cardiopteridium spetsbergense**
Unterkarbon; Klitschmar bei Delitzsch (DDR) 2/1

Runde bis rundlich-ovale Blättchen von etwa 1 cm Durchmesser mit Fächernervatur, basal mit kleinem Stielchen am Fiederwedel ansitzend. Eine charakteristische Art des Unterkarbons, speziell der Visé-Stufe.

S. 63 unten: **Sphenopteris adiantoides**
Oberkarbon; großes innervariskisches Sedimentationsbecken im Südwesten der VR Polen
Original Schlotheim's aus dem Jahre 1804. 2/1

Dieses Samenfarnblatt führte neben anderen Steinkohlenpflanzen den Begründer der wissenschaftlichen Paläobotanik E. F. v. Schlotheim zu der Ansicht, daß die fossilen Pflanzen zum großen Teil heute nicht mehr lebend existieren. Die durch ihre grazilen Blättchen und Querriefung der Achsen und Stämme (Sklerenchyme) charakterisierte Leitart der Namur-A-Stufe fehlt in kaum einer größeren Sammlung.

S. 66 oben: **Lonchopteris rugosa**

Oberkarbon; Schacht Rheinelbe bei Gelsenkirchen (BRD) 2/1

Dieser Samenfarn der oberen Steinkohlenzeit (leitend für das obere Westfal A bis untere Westfal B) war die erste Samenpflanze mit einer Maschennervatur. Die zungenförmigen Blättchen mit deutlicher Mittelader und gleichmäßigem Maschennetz erreichen etwa 2 cm Länge. Sehr gute Erhaltung in Toneisensteingeoden – wie in dem hier abgebildeten Fall – zeigt die tief eingeprägte Maschennervatur. Lonchopteris rugosa ist häufig in Aachen und Westfalen (BRD).

S. 66 unten: **Sphenopteris obtusiloba**

Oberkarbon; großes außenvariskisches Sedimentationsbecken im Süden der VR Polen

Manchmal gelangen biostratigraphisch wertvolle Bohrkerne aus geologischen oder bergmännischen Bohrungen in die Sammlungen. Die Abbildung zeigt in doppelter Größe ein Samenfarnblatt mit runden bis dreilappigen Fiederabschnitten, das im Westfal A und B häufig auftritt.

S. 67: **Mariopteris nervosa**

Oberkarbon; Saar (BRD)

Dieser Samenfarn hat eine recht kräftige Nervatur in seinen stumpf-dreieckigen Blättchen. Die Achse zeigt eine unterbrochene Querriefung. Das jeweils basale Blättchen ist nach unten verbreitert bis zweilappig und damit abweichend geformt. Größere Stücke zeigen auch, daß es sich um Gabelwedel handelt. Die Art kommt vom Westfal B bis D vor und ist im Saarkarbon (BRD) und im Zwickauer Gebiet (DDR) häufig.

S. 69: **Pecopterius plumosa**

Oberkarbon; Grube Itzenplitz bei Saarbrücken (BRD)

Die Blättchen sind etwas spitzdreieckig, und an der Wedelachse sitzen völlig anders geformte Aphlebien (Schutz- und Taublätter) an. Der Farn gehört zur Familie der Schizaeaceen; wenn Stücke mit Sporangien gefunden werden, ist das am Öffnungsmechanismus (Ring) dieser Sporangien vom Senftenbergia-Typ zu erkennen. Diese Farnart tritt bereits im Namur B auf und ist bis zum Westfal D anzutreffen.

S. 71 oben links: **Asterophyllites equisetiformis**
Oberkarbon; Wettin (DDR)

Mit nadelartigen, immer nach oben zu gekehrten Blättchen ist dieser Typ einer Kalamitenbeblätterung besonders charakteristisch im Oberkarbon (Westfal, Stefan) und Unterrotliegenden. In Zwickau, Wettin (Plötz bei Halle) und Manebach (Thüringer Wald) wurden vor 150 Jahren die ersten Funde dieser Art gemacht und beschrieben.

S. 71 oben rechts: **Sphenophyllum oblongifolium**
Oberkarbon; Öhrenkammer bei Ruhla (DDR) 2/1

Sphenophyllumarten sind nach der Dreizahl aufgebaut; sechs Blättchen, wie im vorliegenden Fall, sind also normal. Daß zwei Blättchen kleiner sind, so daß eine Verschiedenblättrigkeit (Heterophyllie) entsteht, ist eine Spezialität gerade dieser Art. Die keilförmigen Blättchen enden mit spitzen Zähnchen (andere Arten haben runde Endungen) und einem Schlitz in der Blättchenmitte. Zuerst wurden sie in den Kuseler Schichten (Altenkirchen bei Kusel – BRD) entdeckt, später fand man sie auch im Döhlener Becken bei Dresden und bei Öhrenkammer im Thüringer Wald (stefanische bis unterrotliegende Schichten).

S. 71 unten: **Calamodendron striatum**
Unteres Perm; Hilbersdorf/Karl-Marx-Stadt (DDR) 2/1

Als Halbedelstein (Chalzedon, Achat) zumindest so schön wie das Tigerauge liegt dieses Kalamitenholz des Unterrotliegenden von Hilbersdorf (jetzt Stadtteil von Karl-Marx-Stadt) vor uns. Verkieselte Kalamitenstämme sind in vielen Museen und Sammlungen zu bewundern. Die breiten, dunklen Markstrahlen und das helle Sekundärholz sind auf der angeschliffenen Querschnittsfläche deutlich zu erkennen. Zu den berühmtesten Fundpunkten gehören Karl-Marx-Stadt und Autun (Frankreich).

S. 72 oben: **Medullosa stellata**
Unteres Perm; Karl-Marx-Stadt (DDR)

Querschliff eines verkieselten Samenfarnstammes mit kräftig ausgebildetem Sekundärholz und großem Markraum, in dem zahlreiche Einzelstelen mit schwach ausgebildetem Sekundärholz liegen. Die Mineralisation hat sie verschiedene Farben annehmen lassen. Die Rinde ist nicht erhalten. Wir dürfen uns die Stämme von Neuropteris, Alethopteris, Lonchopteris und anderen Samenfarnen ähnlich vorstellen wie diesen als Achat

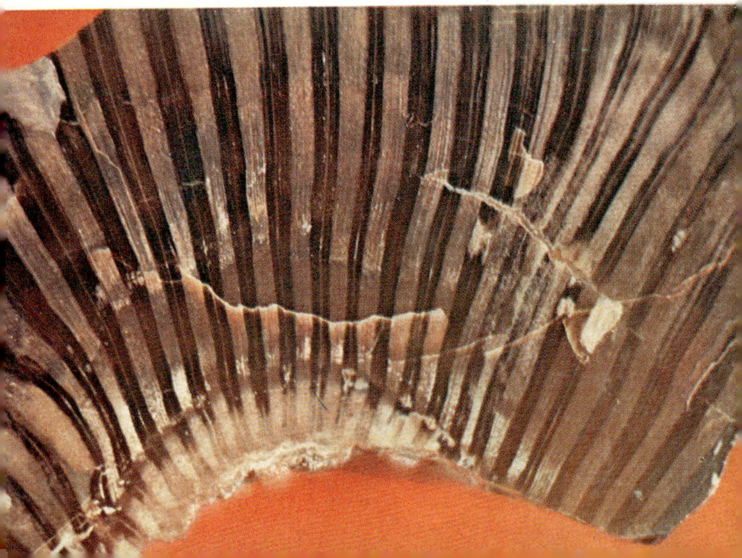

erhaltenen Stamm aus dem Unterrotliegenden von Karl-Marx-Stadt.

S. 72 unten: **Sigillaria ovata** (Rinde)
Oberkarbon; England (Großbritannien)

Sigillarien-Rindenformart vom längsrippigen Typ mit streng übereinanderstehenden Blattnarben. Unter dem dünnen Kohlenbelag kommt der fein längsstreifige, subepidermale Erhaltungszustand hervor. Diese bis zu 30 m hohe Sigillarie ist im Westfal B und C in Nordfrankreich und England vertreten.

S. 73: **Psaronius simplex**
Unteres Perm; Karl-Marx-Stadt (DDR)

Zweizeilig beblätterter Farnstamm im Querschliff. Umgeben vom Mantel, den die Blattstiele und Wurzeln immer bei tropischen Farnbäumen bilden, liegen die hier nur zweizeilig angeordneten quergeschnittenen Blattwedelabgänge. Auch aus kohliger Erhaltung sind zweizeilig beblätterte Baumfarne im Oberkarbon bekannt. Neben den Stämmen mit kleinen Durchmessern – hier ein als Achat erhaltener Stamm aus dem Unterrotliegenden von Karl-Marx-Stadt – sind auch Farnbäume von 50 bis 80 cm Dicke bekannt geworden.

S. 75 oben: **Lebachia speciosa**
Oberkarbon/unteres Perm; Lebach (BRD)

Diese ältesten Nadelbaumzweige (280 Millionen Jahre) mit etwa 1 cm langen Nadelblättern sind in der obersten Stufe der Steinkohlenzeit (Stefan) und im Unterrotliegenden des Thüringer Waldes und des Saar-Nahe-Gebietes (BRD) häufig zu finden. An den stärkeren Zweigen saßen schwalbenschwanzähnlich aufgabelnde Gomphostrobusblättchen und an den Zweigenden dazugehörige Koniferenzapfen. Das abgebildete Stück diente als Motiv für eine 1973 in der DDR herausgegebene Briefmarke.

S. 75 unten: **Sphenobaiera digitata**
Perm; Eisleben (DDR)

Wie ein zarter Kohlefilm liegt dieses Ur-Ginkgoblatt der Permzeit auf dem schwarzen Kupferschiefer. Man muß es schräg wie eine Spiegelfläche beleuchten, um es voll sichtbar werden zu lassen. Pflanzenreste im Kupferschiefer sind selten und daher in jedem Fall wertvoll.

iera digitata.
fschacht
1929.

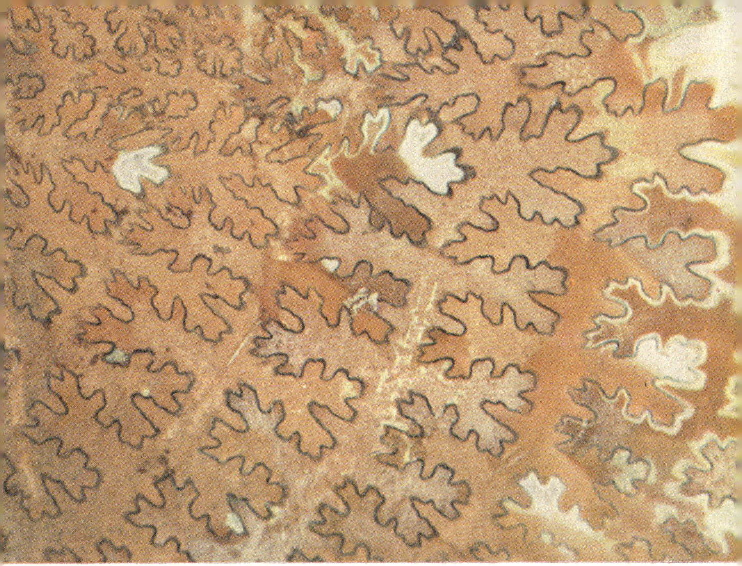

S. 76 oben: **Encrinus carnalli**
Trias, unterer Muschelkalk; Freyburg (DDR)

Als vor Jahrzehnten noch in zahlreichen kleinen Brüchen der mitteltriassische Schaumkalk von Freyburg/Unstrut (DDR) gewonnen wurde, gelangten unter anderem viele schöne Seelilienkelche in die Sammlungen. Das ausgewählte Fundstück zeigt einen zusammengepreßten, leicht geöffneten Kelch, an dem fast die Hälfte der zwanzig Arme dieser Art sichtbar wird. Bezeichnend ist die kräftige violette Färbung des Kelches.

S. 76 unten links: **Hemicidaris hoffmanni**
Jura, Kimmeridge; oberes Stück: ehemalige Malmbrüche nahe der polnischen Ostseeküste,
unteres Stück: Calne, Wiltshire (England)

Zu den beliebten Schmuckstücken einer Sammlung gehören die kräftig ornamentierten regulären Seeigel, speziell aus den Zeiten des Malm und der Oberkreide. Sie treten in kalkreichen Sedimenten als echte Versteinerungen auf. Während die Unterseite von der großen Mundöffnung beherrscht wird, konzentrieren sich auf der Oberseite des Gehäuses die ornamentalen, fünfstrahlig angeordneten Warzen der Stachelgelenke. Zu den Seltenheiten zählen Sammlungsstücke, auf denen die abgefallenen Stacheln sich noch strahlig um das Gehäuse gruppieren.

S. 76 unten rechts: **Trigonia bronni**
Jura, Kimmeridge; Innenseite eines Stückes aus den ehemaligen Malmbrüchen nahe der polnischen Ostseeküste
Original zu SCHMIDT 1905.
Vorderes Stück: Cordebugle, Calvados (Frankreich)

In warmen, mit Kalk gesättigten Gewässern scheiden nicht nur Einzeller, Algen und Hohltiere große Kalkmengen ab, sondern auch Muscheln und Schnecken. Zu den wärmeliebenden und wegen ihrer ornamentalen Schönheit gern gesammelten Muscheln gehören die Trigonien, die heute nur noch im Indopazifik vorkommen, in der Jura- und Kreidezeit aber auch die europäischen Meeresböden besiedelten.

Wie fast alle großen Tiergruppen erscheinen die Muscheln erstmals in den Schichtgesteinen aus kambrischer Zeit. Im Verlauf der allgemeinen Expansion des Lebens auf der Erde haben sich ihre Lebensmöglichkeiten ständig erweitert, so daß ihre Bedeutung in der Erdgeschichte zunimmt.

S. 77–81: **Ammoniten**

Ihre fossilen Gehäuse sind relativ häufig und weit verbreitet. Die Ammoniten waren hoch spezialisierte Kopffüßer und fielen daher den Veränderungen der Umwelt immer wieder rasch zum Opfer. Doch auf das immer neu entstehende Angebot freier Lebensräume hin entwickelte sich aus zufällig überlebenden Arten oder aus breiter angepaßten Hochseearten ständig neue Vielfalt, neue Arten traten an die Stelle der erloschenen. Im Ergebnis dieser Vorgänge bieten uns die Ammoniten heute lange Abfolgen charakteristischer Zeitmarken, sie sind Leitfossilien des Mesozoikums.

S. 77 oben: **Pinacoceras metternichi**
Trias, Nor; Hallstatt (Österreich)

Die wagenradgroßen Pinacoceraten, die größten Ammoniten der Trias, lassen sich bei unserem Buchformat nur ausschnittweise zeigen. Ebenfalls maximal ist bei dieser Gattung die Differenzierung der Lobenlinie, die sich auf dem flach diskusförmigen, polierten Steinkern gut verfolgen läßt.

S. 77 unten: **Cladiscites cf. gefion**
Trias, Nor; Rossmoos bei Hallstatt (Österreich)

Die tief zerschlitzten und gezähnten Lobenlinien wurden durch Abschleifen auf dem Steinkern sichtbar gemacht. Die Gattung ist in der Obertrias über die Alpen, Sizilien, den Himalaja und Timor bis Alaska verbreitet.

S. 80 oben: **Normannites asper**
Jura, Bajocien; Goslar (BRD)

Die Gehäusemündung ausgewachsener Ammoniten zeigt bei manchen Gattungen auffallende Strukturen, wie hier ein Paar langgezogene »Ohren« an einem prächtigen Stephanoceraten aus dem Dogger.

S. 80 unten: **Pleuroceras spinatum**
Jura, Domérien; Quedlinburg (DDR)

In den Liastonen sind die Ammoniten gewöhnlich flach zusammengedrückt, in Tonsteingeoden konnten sie jedoch ihre volle Körperlichkeit bewahren. An unserem Stück blieb sogar der Perlmuttglanz der Schale erhalten.

S. 81 oben: **Pachylytoceras torulosum**
Jura, Toarcien; Heiningen (BRD)

Ausgangspunkt aller Ammoniten in der Jura- und Kreidezeit waren die Lytoceraten. Unser Stück stammt aus dem Jura der Schwäbischen Alb und ist durch einen kreisrunden, rasch zunehmenden Windungsquerschnitt ausgezeichnet. Die teilweise abgeplatzte verwitterte Schale läßt auf dem Steinkern die Lobenlinie erkennen, die bei den Lytoceraten aus wenigen, aber umfangreichen Loben und Sätteln besteht.

S. 81 unten: **Echinocorys ovatus**
Oberkreide, Maastricht; Rügen (DDR)

Diese Unterseite eines Seeigelsteinkerns wurde durch Ätzen freigelegt. Das Stück läßt neben Primärstrukturen auffällige Sekundärerscheinungen der Fossilisation erkennen. Die Fugen zwischen den Gehäuseplatten blieben als Grate stehen. Die unregelmäßigen Sekundärlinien, die Einzelporen oder ganze Porenfelder umschlingen, entstanden, als sich ein Teil der im Bodenschlamm des Kreidemeeres gelösten Kieselsäure im Innenraum des Gehäuses niederschlug und zu Feuerstein erstarrte. Dabei konnte die Kieselsäure auch frontartig in die Kalkschale selbst vordringen und sie teilweise verkieseln.

S. 82: **Fossilien der Schreibkreide**
Oberkreide, Maastricht; Rügen (DDR)
Belemnella occidentalis, Lopha sp., Parasmilia excavata, Galerites vulgaris, Plinthosella squamosa

Zu den häufigen Urlaubsfunden an der Ostsee gehören »Donnerkeile«, dicke Austernschalen, Feuersteinkerne von Seeigeln, Kieselschwämme im Feuerstein und die Einzelkoralle Parasmilia. Den geschoßförmigen Belemnitenrostren begegnen wir öfter, doch selten hat man das Glück, auf die gefalteten Schalen der Auster Lopha zu stoßen oder auf kleine Seeigel (Galeriten), die pathologisch von der Fünfstrahligkeit abweichen. Auch der Klappersteinschwamm Plinthosella squamosa klappert nur in Ausnahmefällen. Das kugelige, mit Fortsätzen versehene und mit Kreide gefüllte Schwammskelett wurde nach der Einbettung von schnell erhärtender Feuersteingallerte umhüllt. Die Fortsätze können sich gelegentlich durch Verwitterung in Löcher verwandeln. Dann besteht die Möglichkeit, daß die Kreidehülle im Inneren herausgespült und so der Schwammkörper zu einem klappernden Kern wird.

20
PFENNIG

S. 84 oben: **Stemmatodus rhombus**
Unterkreide; Castellamare bei Neapel (Italien)
Coll. L. v. Buch

Die Sammlung Leopold von Buchs, einem der großen Geologen der ersten Hälfte des 19. Jahrhunderts, gehört zum Grundstock der paläontologischen Sammlungen des Museums für Naturkunde in Berlin. Zu ihr zählt das schöne Pärchen pycnodontiformer Fische aus der Unterkreide der Küstenlandschaft südlich von Neapel. Die halbkugeligen Pflasterzähne der Fische weisen auf harte Kost (Muscheln und Schnecken) hin. Derart bewehrte Unterkiefer großer Arten sind keineswegs seltene Fundstücke aus Jura- und Kreideschichten.

S. 84 unten: **Archaeopteryx lithographica,** Flügeldetail
Jura, Malm zeta; Eichstätt (BRD)

Der Solnhofener Plattenkalk aus dem höchsten Jura der Fränkischen Alb zählt zu den weltberühmten Fundschichten, vor allem wegen des Urvogels, der bislang nur von dort bekannt geworden ist. Insgesamt ließen sich in diesen Schichten etwa 650 Tier- und etwa 25 Pflanzenarten nachweisen. Der einzigartige Erhaltungszustand der Fossilien läßt oft feinste Details erkennen. Die Urvogelfedern wurden so vorzüglich in den Stein geprägt, daß man sie mit denen heutiger Vögel vergleichen kann. Die Übereinstimmung ist bemerkenswert groß. Während also die Entwicklung der Federn vor 150 Millionen Jahren im Prinzip schon den heutigen Stand erreicht hatte, besaßen die Skelettmerkmale noch vorwiegend reptilischen Charakter. Das Bild zeigt den Abdruck des rechten Flügels auf der Gegenplatte des Berliner Exemplars.

S. 85 oben: **Carcharodon sokolowi**
Tertiär, Unter-Oligozän; Helmstedt (BRD)
Hexanchus primigenius
Tertiär, Mittel-Oligozän; Weinheim bei Alzey (BRD)

Fossile Haizähne sind den Menschen schon lange bekannt. Im Mittelalter verstand man ihre Natur noch nicht zu deuten und bezeichnete sie als Zungensteine. Vom knorpeligen Skelett der alten Haie ist selten etwas fossil geworden, um so widerstandsfähiger waren aber ihre Zähne, die besonders in den marinen Schichten des Tertiärs häufig zu finden sind.

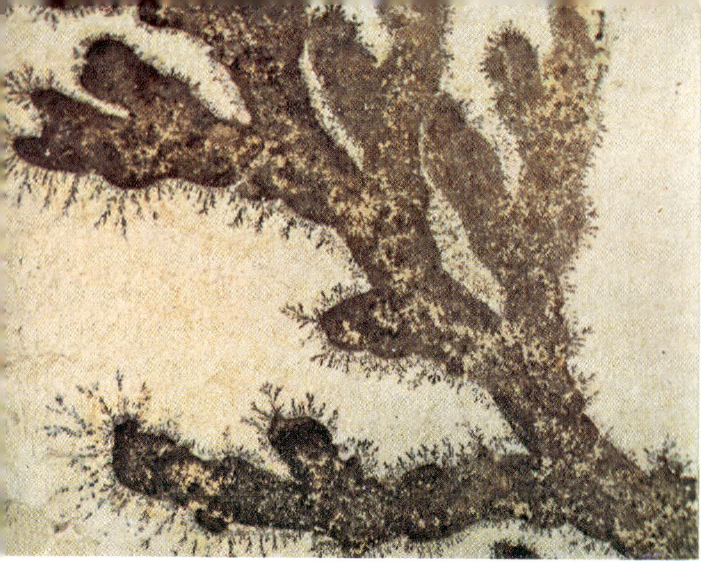

S. 94 oben rechts: **Blattrest mit noch grün erscheinenden Derivaten des Chlorophylls und Kautschukfäden**
Tertiär; Geiseltal bei Halle/Merseburg (DDR)

Im mittleren Eozän der Braunkohle des Geiseltales bei Halle (Saale) (DDR) sind geologische Einsturztrichter – ehemalige Moorlöcher über Dolinen im tieferen Untergrund – ausgebildet, in denen sich tierische und pflanzliche Reste besonders gut erhalten haben, darunter auch grüne Blätter mit einem Alter von 48 Millionen Jahren. Die fossilen Milchsaftgänge deuten auf eine Verwandtschaft dieser Blätter zu den Apocynaceen.

S. 94 unten: **Cinnamomum polymorphum**
Tertiär; Hausham, Oberbayern (BRD)

Blätter des fossilen Zimtbaumes sind gut erkennbar an ihrer ovallanzettlichen Form und den basalen Seitenadern, die dem Blattrand parallel laufen. Sie treten in Mitteleuropa häufig in den oligozänen und miozänen Schichten auf. Im Bernstein ist sogar eine vollständig erhaltene Zimtblüte gefunden worden. Cinnamomum zog sich im Pliozän nach Südeuropa zurück.

S. 95 oben: **Pseudofossil**
La Motte bei La Mure (Frankreich)

Dieses Erzeugnis strahlig wachsender Mineralien aus einem nordfranzösischen Steinkohlenrevier ist der oberkarbonzeitlichen Kalamitenbeblätterung mit dem Namen Annularia sphenophylloides (die vom Westfal D bis zum Unterrotliegenden auftritt) täuschend ähnlich. Allerdings sind diese Bildungen (Gips, Aragonit, Wavellit) auf den Kluftflächen und nicht auf den Schichtflächen angesiedelt.

S. 95 unten: **Dendriten**
Geschiebe; Sternberg (DDR)

Dendriten sind beliebige Scheinfossilien, die sich seltener auf Geröllen als auf Schicht- und Spaltflächen finden lassen (Solnhofen!). Hier überziehen sie rosettenartig ein eiszeitliches Geröll von ockergelbem Oligozän-Tonstein. Dendriten entstanden durch rasche Auskristallisation von Manganoxid aus übersättigten Lösungen. Ihre Natur als Pseudofossilien wurde bereits von Nicolaus Steno (1638–1686) erkannt.